中国海洋大学一流大学建设专项经费资助
教育部人文社会科学重点研究基地中国海洋大学海洋发展研究院资助

整体主义环境正义论

刘卫先 著

ZHENGTIZHUYI HUANJING
ZHENGYILUN

中国政法大学出版社

2025·北京

声　　明　　1. 版权所有，侵权必究。

　　　　　　2. 如有缺页、倒装问题，由出版社负责退换。

图书在版编目（CIP）数据

整体主义环境正义论 / 刘卫先著. -- 北京：中国政法大学出版社, 2025. 4. -- ISBN 978-7-5764-2064-7

Ⅰ. B82-058

中国国家版本馆 CIP 数据核字第 2025ZS1003 号

出 版 者	中国政法大学出版社
地　　址	北京市海淀区西土城路 25 号
邮寄地址	北京 100088 信箱 8034 分箱　邮编 100088
网　　址	http://www.cuplpress.com（网络实名：中国政法大学出版社）
电　　话	010-58908586(编辑部) 58908334(邮购部)
编辑邮箱	zhengfadch@126.com
承　　印	固安华明印业有限公司
开　　本	880mm×1230mm　1/32
印　　张	8
字　　数	220 千字
版　　次	2025 年 4 月第 1 版
印　　次	2025 年 4 月第 1 次印刷
定　　价	49.00 元

目 录

导 论 …………………………………………… 001
一、研究背景及研究意义 ……………………… 001
二、国内外研究现状 …………………………… 003
三、主要内容及创新点 ………………………… 006

第一章 环境正义理论的产生与发展 …………… 012
一、环境正义运动的产生及其基础 …………… 012
二、环境正义理论在美国的发展 ……………… 022
三、环境正义理论在我国的发展及其维度 …… 035

第二章 环境正义理论的目的与困境 …………… 039
一、环境正义理论的目的 ……………………… 039
二、环境正义理论的困境 ……………………… 045

第三章 环境正义不是环境利益的公平分配 …… 060
一、环境利益的论争 …………………………… 061
二、环境利益的识别 …………………………… 067
三、环境利益的本质及其特征 ………………… 078
四、环境利益实现的法律路径 ………………… 082

第四章　自由主义分配正义与环境问题根源 …… 086
一、现代环境问题的自利性财产根源 …… 086
二、自由主义分配正义：对财产的自利性争夺 …… 091

第五章　整体主义正义及其环境保护意义 …… 120
一、追求城邦利益的整体主义正义理论 …… 120
二、追求最大多数人之最大利益的功利主义正义理论 …… 132
三、追求人类进步与解放的马克思正义理论 …… 142
四、追求社群利益的社群主义正义理论 …… 152
五、整体主义正义理论的环境保护启示 …… 164

第六章　走向整体主义的环境正义 …… 171
一、环境正义的整体主义取向 …… 171
二、环境正义与社会正义的关系 …… 190
三、环境正义的本质及其展开 …… 203

第七章　整体主义环境正义的法制意义 …… 215
一、基本环境义务的法制化 …… 216
二、环境教育的法制化 …… 229

参考文献 …… 244

导 论

一、研究背景及研究意义

从 20 世纪 60 年代开始,在美国民权运动的大潮中,部分有色种族和低收入群体掀起了反抗白人和富人将有毒有害物质在其社区附近进行处理的社会运动。有色种族和低收入群体认为白人和富人将大量的有毒有害物质放在有色种族和低收入群体所在社区的附近加以处理,侵害了他(她)们的身体健康。在这一过程中,有色种族、低收入群体和白人、富人之间被认为承担了不公平的环境负担。白人和富人享受着环境利益,较少遭受环境的损害,而有色种族和低收入群体则是环境损害的主要受害者。为了追求在遭受环境危害方面的平等地位,有色种族和低收入群体在抗议运动中打出"不要在我家后院排污"的口号。这一运动被学者称为环境正义运动。在此基础上产生的理论就被称为环境正义理论。或者说环境正义运动追求的是环境正义。

在全球环境危机的话语背景下,环境正义运动以及环境正义理论很快在世界范围展开和传播。这也与环境危机背景下世界各国的基本情况相符。从客观上看,无论是发达国家还是发展中国家,在经济发展的过程中都会面临环境污染、资源破坏等环境问题。但是,由于不同的群体存在自身能力、知识、财力等方面的差异，导致这些环境问题对他们的威胁和危害也不可能相同，尤其是局部污染和资源分配不均问题。能力较强的富人比那些贫弱的穷人有更多的选择机会，可以更好地避开局部环境问题的危害。所以，当全社会都把环境问题作为关注的中心时，那些贫弱的社会底层群体自然就会发现他们与富裕的社会上层群体在遭受环境危害上的不公平，进而可能出现与美国环境正义运动相似的运动。

综观这些环境正义运动，其目的都不是保护环境，而是维护抗议者的人身与财产利益。抗议者从自身的人身与财产利益出发，反对其他主体将污染物质倾倒在可能威胁自己人身与财产利益的地方。抗议者追求的其实是他们与社会强势群体之间在人身与财产利益保护上的平等地位。根据环境正义运动的口号和原则，我们可以做一个比较极端的假设，即如果环境普遍恶化，以至于社会弱势群体和强势群体之间遭受同样的威胁和损害，这样也是符合环境正义要求的。但是，这种情况很显然不符合社会发展的趋势。所以，环境正义运动所体现的环境正义理论其实并不是什么新型的正义理论，而是社会成员之间与环境有关的社会正义，是社会正义在环境危机背景下的一种具体表现。这样的环境正义其实不利于环境问题的彻底解决。例如，一个工厂可以将其污染物质从居民社区转移到无人居住的地区进行排放，甚至在无人居住的地区做出更大量的排放，这是符合环境正义运动的宗旨的，但是它丝毫没有减轻环境的负担，甚至有可能使环境负担更重。这样的环境正义运动根本无法有效地保护自然环境，最终可能使环境问题在更大的范围以更严重的形式爆发，给人们造成更大更严重的危害，从而使环境正义运动追求人身与财产利益保护的目标落空。

基于上述这种情况，我们应该思考到底什么是环境正义，在环境危机背景下诞生的新型正义应当具有什么样的本质，其与社会正义具有什么关系等一系列问题。所以，本研究的主要意义在于探究以环境保护为目的的环境正义理论，在理论上实现对环境正义的正本清源和重新认识，使我国环境法学理论界摆脱现有环境正义理论的误区，走向真正的环境正义，为环境法学理论体系的完善作出贡献。

二、国内外研究现状

现行的环境正义研究源自20世纪70年代美国的环境正义运动。随着环境问题的全球化，环境正义问题也成为全世界人们广泛关注的问题。

回顾过去的发展历程，国外学者对环境正义的研究大致可以分为三种模式：一是在环境正义概念提出之初，主要运用社会学方法，通过大样本的调查统计来揭示"环境不正义"现象的存在，如考察有毒废弃物的堆置、填埋、焚烧以及污染性的工业如何不成比例地靠近少数族裔和穷人居住区等［参见罗伯特·D. 布拉德（Robert D. Bullard）的《在南部倾倒废弃物：种族、阶级与环境公平》《正视环境种族主义：来自草根的声音》等］；二是把关注的焦点从人与自然的关系问题转向人与人之间的关系问题，注重人与人之间在环境方面的平等（参见戴维·贾丁斯《环境伦理学：环境哲学导论》、罗伯特·戈特利布《解除束缚的环境保护主义》等）；三是对环境正义可能具有的内涵进行分析，一方面是从正义理论与环境论述的外在联系思考环境正义，指出自由市场资本主义的环境理论与功利主义正义理论相对应，生态现代化理论与罗尔斯的社会契约论相对应，"明智利用运动"与自由至上的正义理论相对应，而来自底层的环境正义运动与一种混合了社群主义和平等主义的正义观念相对应［参见戴维·哈维（David Harvey）的《正义、自然和差异地理学》等］，另一方面是从正义理论内部出发去界定环境正义，对构成分配正义的各种要素，包括分配正义的共同体（分配者和接受者）、分配的内容、分配的原则（效用、需要、应得、权利等）以及分配理论是坚持程序论还是主张结果论，是采用普遍主义分配原则还是特殊主义分配原则等，进行了详尽的分类考察，并试图在环境可持续框架内，建立一种多元的环境分配正义体系［参见安德鲁·多布森（Andrew Dobson）的《正义与环境：环境可持续与分配正义的向度》等］。上述三种研究模式主要研究了环境正义的以下四个方面的内容：环境不正义的产生原因；环境种族主义、环境公平和环境正义的定义；环境正义的类型；环境正义与可持续发展、人权保护的关系。

我国学者对环境正义的研究主要集中于伦理学和社会学领域，法学领域对环境正义的研究比较薄弱，尚处于起步阶段。我国学者对环境正义的研究始于对美国环境正义理论的介评（参见侯文蕙的《20世纪90年代的美国环境保护运动和环境保护主义》、王小文的《美国环境正义理论研究》、文同爱的《美国环境正义立法评介》等）。在此基础上，我国学者立足于我国国情，力图在环境正义问题上形成自己的理论话语与逻辑体系，研究的领域包括环境正义的内涵、原则、类型、环境正义的实现以及环境正义与生态正义的关系等。有些学者从人与人之间的关系上理解环境正义，也有些学者超出人类范围之外理解环境正义，认为环境正义不仅包括代内正义（包括国内正义、国际正义）、代际正义，还包括物种之间的种际正义；有学者把环境正义等同于环境公平，还有学者把环境正义等同于生态正义；有学者认为环境正义的原则分为类原则和分原则，类原则包括生存性原则和可持续性原则，分原则包括平等、平衡、共赢。

(参见李培超、王超的《环境正义刍论》、佘正荣的《生命之网与生态正义》、杨通进的《全球环境正义及其可能性》、李华荣的《生态正义论》、李淑文的《论环境公平》、刘湘溶、张斌的《论环境正义原则》等)。有学者从法学的视角研究环境正义,将环境正义问题视为一种环境物品的分配问题(参见马晶的《环境正义的法哲学研究》、梁剑琴的《环境正义的法律表达》、晋海的《城乡环境正义的追求与实现》等),有学者对发展中国家与发达国家之间的国际环境正义做了探索性研究(参见曾建平的《环境正义:发展中国家环境伦理问题探究》),还有学者主张用罗尔斯的正义理论来构建和实现全球环境正义(参见杨通进的《全球环境正义及其可能性》《全球正义:分配温室气体排放权的伦理原则》等)。除此之外,还有学者近来对上述这些环境正义理论进行了反思和批判,指出环境正义并不是一种关于环境利益的分配正义,而是关于环境义务和责任分配的正义(参见苑银和的《环境正义论批判》)。

综观国内外学者对环境正义理论的研究,绝大多数学者在某种意义上都把环境视为一种财富并强调人们在这种财富分配上的平等,并认为这是人们的一种权利。尽管有学者强调环境正义除了指人们因"环境利益"的不公平分配而激发不正义感之外,还包括因感到自身的"尊严和价值"没有得到应有的承认而激起对于正义的渴望,但无论是"环境利益"还是个人的"尊严和价值",都是站在个人的立场上对个人利益和权利的强调和维护。尽管还有一部分环境正义论者将自己的视野从人类个体之间的公平扩展到人类与其他物种、自然体之间的公平,将权利扩展到自然体身上。但此种环境正义理论认为只要把人类所享有的权利扩展到动物、植物及其他自然体身上就实现了人与自然的平等,从而实现了环境正义。虽然有学者否定环境正义是一种环境利益的分配正义，但把环境正义视为环境义务的分配正义，最终没有能够逃出分配正义的范畴。所有这些环境正义的思想概括起来其实质都是自由主义正义（个体正义）理论的延伸和不同表现，这些环境正义思想要么与环境保护的目的无关，要么用以实现环境保护目的的路径不可行，总之无法实现有效保护环境这一目的，但上述这些有关环境正义的研究成果为本书的研究奠定了一定的基础并提供了丰富的素材。

三、主要内容及创新点

在第二次世界大战后复兴的自由主义思想及其正义理论的激励和指导下，在美国民权运动和环保运动的感染和影响下，夹杂着权利、环境、平等、种族等复杂因素的环境正义运动从20世纪70年代开始在美国大规模爆发了。环境正义运动的继续发展催生了美国的环境正义理论。从美国环境正义的产生和发展中，我们可以看出美国环境正义具有三个较为明显的发展趋势和特点：一是环境正义从与环境保护运动格格不入到与环境保护运动渐趋融合；二是环境正义从只关注穷人、有色人种等少数种族的环境负担的公平分担转向保护所有人免遭环境污染的损害；三是环境正义的内涵不断丰富，从开始时的环境平等、环境种族主义发展到现在，其已经不仅仅是穷人与富人之间或者有色人种与白人之间针对环境有害物质公平分配的问题，而是夹杂着教育、医疗卫生、职业健康、政策决策甚至是军事与国际问题等的复杂问题。

环境正义在美国的发展也广泛影响到世界其他国家和地区。全球环境危机的话语背景为环境正义从美国向世界其他国家和地区的传播提供了共同的"环境"话语要素，但美国的环境正义毕竟是在美国特有的种族主义、环保运动等社会背景下产生的，而其他国家和地区也许并不存在这种社会背景，从而在一定程度上阻碍了环境正义对其他国家和地区的影响。尽管如此，就环境正义在世界范围的传播与发展而言，环境时代的"环境"要素似乎具有压倒一切的力量，使环境正义跨越了种族主义、环境运动等社会背景，成功登陆其他国家和地区。各国民众、环保组织、学者以及政府开始注意到环境污染对不同阶层、不同地域的人所造成的损害和影响不同，结合各国和地区的实际情况，实现环境正义的"本土化"。

环境正义在我国的本土化过程是从我国学者大量引介美国的环境正义开始的，范围涉及伦理学、法学、公共管理乃至历史等领域。在介绍美国环境正义的基础上，我国学者根据我国相关领域的理论研究以及我国相应的现实情况，对环境正义进行进一步的研究。综观我国学者对环境正义的研究，可以归入以下四种模式：一是集中对美国环境正义的引介及其对我国的启示；二是对国外学者环境正义思想的介绍及其对我国环境正义理论的启发；三是在美国环境正义运动的启示下，对我国的城乡差别、地域差异、邻避运动等环境不正义现实的关注并探索相应的应对之道；四是对环境正义理论进行建构和分析。从我国学者对环境正义的研究可以发现，学者们对何谓环境正义尚未达成共识，环境正义理论正在形成和发展中。尽管如此，我国大多数学者还是把环境正义理解为对环境物品（利益）与环境负担分配的一种正义，其在维度上包括三种类型，即代内正义、代际正义和种际正义，其中代内正义包括国内环境正义和国际环境正义，而国内环境正义又包括城乡环境正义、区域环境正义以及环境邻避运动所追求的环境正义等。环境正义理论在我国的这种发展状况与其在美国的发展状况具有相似性和一致性，环境正义理论在我国的发展目前还没有超出美国环境正义理论的范围。

所以，环境正义从诞生到发展扩大，展示出一幅欣欣向荣的景象。尽管如此，环境正义虽经近半个世纪的发展仍然无法给人以清晰明确的面孔和轮廓，这不可能用"遗憾"一词就可以搪塞过去，也不可能把责任全部推到"环境"与"正义"的客观复杂性上，而是需要人们对环境正义进行反思，以认清其本质。

其实，环境正义理论发展到当今，其核心目的逐渐由当初的保护弱势群体的人身权益和财产权益转向了有效保护自然环境，这也正是环境正义得以存在的坚实基础。如果环境正义仅如其诞生时那样，旨在追求穷人和有色人种等少数种群在环境利益与环境负担上和白人、富人实现公平分配，以保护少数种群的人身权益和财产权益，则该种环境正义只是徒有环境之名，是在环境问题的背景下产生的人与人之间的利益分配正义，是传统社会正义的一部分。这种正义在实质上与人们所言的教育正义、住房正义等没有区别，都是有关利益的分配问题，并不是什么新型的正义。如果现代环境危机背景下的环境正义仅仅是与环境有关的社会正义，则其作为一种独立的正义类型的依据明显不足，其重要性和价值也大打折扣。环境正义要想成为一种新型的正义，至少应当体现其在现代环境危机背景下的历史使命，把保护环境作为其核心目的。

产生于在环境危机背景下的环境正义作为一种新型的正义应以保护环境、应对和解决现代环境危机为目的，而现有环境正义理论中的代际正义和种际正义正是以保护环境为目的，代内正义也在兼顾利益公平分配的基础上力图达到保护环境的目的，但是，现有的环境正义理论由于自身的缺陷根本无法实现环境保护这一目的。现存的代内环境正义理论建立在人为建构的环境非正义现象之上,不仅自身困境重重,而且无法实现有效保护环境的目的。代际正义和种际正义都是一种理论的虚构,不仅自身无法变成现实,而且它们所追求的环境保护目的更是无法实现。环境正义理论要想发展,成为一种独立的正义理论,必须在代内的范围内,寻求实现保护环境的正义途径。

要想探究环境正义的本质,我们有必要首先探究什么是环境利益,这不仅是因为社会正义与利益密不可分,而且因为绝大多数学者几乎都认为环境正义就是环境利益的分配正义。但是,经过我们的考察,环境正义并不是环境利益的分配正义。拨开环境利益论争的迷雾,我们发现,作为环境危机背景下的一种新型利益,环境利益既不可能是人身利益、财产利益,也不可能是无所不包的利益总汇。在关系意义上,环境利益就是良好的自然环境对人们维持其人身利益和财产利益安全需要的一种满足;在环境法所保护的利益客体意义上,环境利益就是良好的环境品质。环境利益在本质上是一种安全利益。因此,环境利益在本质上不可分割,环境正义不可能是环境利益分配的正义。环境正义应当以维护和实现环境利益为目的,其核心不可能是权利。

无论是环境负担的分配还是与环境相关的利益的分配,都不是环境正义的内容,都无法有效保护环境,应对现代环境危机。之所以如此,究其根源在于自由主义分配正义的弊端。现有的所谓的环境利益与环境负担之公平分配的正义实质上就是自由主义分配正义在现代环境问题背景下的具体应用。自由主义分配正义在某种意义上就是社会个体对财产的一种自利性争夺,而这种争夺在一定程度上就是现代环境危机的根源之一。在本质上属于自由主义分配正义的现行环境正义理论不仅无法实现保护环境的目的,反而与环境保护的要求相悖。

整体主义环境正义论

尽管整体主义正义理论在从古代一直到近现代的发展演变过程中存在不同的观点、学说与主张，有些甚至明显与现代文明社会格格不入，但是，它们至少具有一个共同的特点，那就是它们都认为判断个人行为正当与否的一个重要标准就是个体能否促进其所在的整体（或绝大多数人）的利益。如果个体的行为有利于整体（或绝大多数人）的利益，则其行为就是正当的，也就具有了正义性；反之，就不是正义的。也就是说，整体主义正义理论首先关注和解决是个体与其所处整体之间的关系，其次才是个体的利益，并且其对个体利益的关注也是从有利于整体利益的角度出发的。如果把这种整体主义正义理论与现代的环境保护联系在一起，则其与环境保护的要求是一致的。整体主义正义理论把维护和增进整体利益作为其出发点和归宿，把是否有利于整体利益作为判断个体行为正当与否的标准，可以为人类整体的环境利益的保护提供理论上的支持和借鉴。

环境正义要想实现有效保护环境的目的，必须从整体主义的立场出发，放弃单纯追求个体眼前利益的个体主义立场。这既是环境本身的特点决定的，也是环境风险、环境危机以及在环境风险与危机下人与人之间的关系决定的。环境正义虽然趋向整体主义正义，但并不是所有的整体主义正义理论都适合环境正义。作为整体主义正义的环境正义在一定程度上还必须受到社会正义的制约。首先，环境正义并不意味着为了实现环境保护目的可以不择手段，尤其是采取极权主义的政治制度。笔者所强调的环境正义是在承认和保护基本人权基础上的一种整体主义正义。其次，环境正义是社会正义的基础和前提。环境保护可能引发社会正义问题，但并不能因此而阻碍对环境的有效保护。取消或拖延某种环境保护措施的实施就可能失去环境保护的最佳时机，从而可能造成某种濒危物种的灭绝等无法挽回的更大范围的损失。环境保护与社会正义相比,应当具有一定程度上的优先性。最后,共同但有区别的责任并不是环境正义的表达。环境正义的本质可以概括为普遍的环境义务。

对环境正义的研究不仅仅是为了在理论上澄清什么是环境正义以及环境正义的本质是什么,不是为了在伦理道德的层次来研究环境正义,而是为了使环境正义能够成为人们进行环境保护行为的正义基础从而在实践中指导和支持社会主体的环境保护行为,探讨环境正义对环境法制的建设和完善具有什么意义和作用,而环境法制应如何对这些要求加以贯彻和落实。从环境正义的本质出发,其对环境法制建设的要求主要体现在两个方面:一是基本环境义务的法制化;二是环境教育的法制化。同时这也是环境正义实现的法制保障之一。

本书的主要创新之处在于指出环境正义的本质就是普遍的环境义务。本书的全部论述都是围绕这一创新点铺陈展开的。

第一章
环境正义理论的产生与发展

现有的环境正义理论源于美国。从表面上看,我们可以说,源于美国的环境正义理论直接产生于美国的环境正义运动。但是,任何社会运动的产生以及相应理论的诞生都不可能是凭空而降的,都有一定的主客观基础,包括民众思想、社会背景、文化基础、政治环境等方面的诸多因素。[1]环境正义运动及其理论首先在美国产生自然也与美国当时的社会、文化、政治、民众思想等背景密不可分。要想对环境正义理论进行深入的研究,我们必须首先弄清楚环境正义理论在美国如何产生、发展及其在世界范围的影响。

一、环境正义运动的产生及其基础

环境正义理论在美国的产生离不开美国的环境正义运动。在某种意义上我们可以说,正是美国民众的环境正义运动推动了学者对环境正义理论的研究以及政府与社会组织对环境正义问题的关注。我国相关领域的学者一般都把发生于 1982 年的沃

---

〔1〕 马克思主义经典作家早已明确指出,"在历史上出现的一切社会关系和国家关系,一切宗教制度和法律制度,一切理论观点,只有在理解了每一个与之相应的时代的物质生活条件,并且从这些物质条件中被引申出来的时候,才能理解"。参见《马克思恩格斯选集》(第 2 卷),人民出版社 1995 年版,第 38 页。

伦抗议事件作为美国环境正义运动的开端,[1]但实际上并非如此。早在20世纪70年代,美国各地就已经爆发了环境正义运动,其中最有影响的就是发生于1978年的拉夫运河社区事件。

拉夫运河(Love Canal)是一段位于纽约州尼亚加拉瀑布城的人工开凿的长约半英里的大型水渠,在20世纪40年代曾作为胡克化学公司的垃圾填埋场以及尼亚加拉瀑布城的城市垃圾填埋地。20世纪50年代初,胡克公司把该填埋场转让给市教育局,并且,市教育局在填埋场上建起了学校。到了20世纪70年代,围绕学校已经形成了白人工人阶级社区,并且,许多居民都是在化学公司及相关企业工作。但是,从1976年开始,不断有证据显示该社区居民的身心健康正在不同程度地受到化学垃圾的侵害,儿童开始出现各种怪病。这种现象受到美国政府的注意,并由美国联邦环保局、纽约州环保局和纽约州卫生委员会组成调查小组于1978年对该社区的地下填埋物以及室内空气进行检测。该检测结果进一步确认了有害化学物质的存在及其对居民身体健康的严重威胁。但是,美国政府因担心高额的移民费用以及由此引起的一系列连锁反应,遂以科学证据不足而否认污染损害的严重性。社区居民随后请求政府有关部门关闭学校,但也遭到政府的拒绝。无奈之下,社区居民在吉布斯(Lois Marie Gibbs)这位普通家庭妇女的倡议和领导下成立了拉夫运河社区业主委员会,通过募捐、宣传、游行等方式敦促美国政府对社区环境进行监测,对社区居民进行健康检查。1978年8月,纽约州卫生委员会明确指出拉夫运河社区存在严重的有害

---

[1] 参见侯文蕙:《20世纪90年代的美国环境保护运动和环境保护主义》,载《世界历史》2000年第6期;王韬洋:《"环境正义运动"及其对当代环境伦理的影响》,载《求索》2003年第5期;张斌:《环境正义:缘由、目标与实质》,载《广东社会科学》2013年第4期;等等。

化学物质污染，学校应当关闭，社区居民应当搬迁。在社区居民的不懈斗争下，美国政府承诺买下拉夫运河社区居民的房产，并对社区居民进行妥善安置。社区居民的斗争取得了阶段性胜利。但是，由于遭受填埋有害化学物质污染的社区不仅仅是紧邻运河的核心区，外围社区的居民也受到不同程度的污染损害。由吉布斯领导的拉夫运河社区业主委员会继续为外围社区居民的搬迁进行斗争，他们的请愿、游行、宣传等努力获得了美国民众的支持。他们要求美国政府采取行动，对相关社区民众因污染而遭受的健康风险进行检测和评估。到1979年冬，有关的诉讼已达800余起，美国国会也就此举行了听证会；1980年初，美国联邦环保局对36位社区居民进行相关医学检查，发现其中11人的染色体遭受损害，但联邦环保局并没有公布该信息；这一消息于1980年5月17日被《纽约时报》等报刊公布。联邦环保局赶紧派代表前来解释。于是，500名愤怒的业主于5月19日扣押了两名联邦环保局官员，以此向政府施压，要求立即获得救助。5月21日当时的卡特总统宣布该区域进入紧急状态，并且答应对拉夫运河社区外围的700户家庭进行临时安置；10月，卡特总统签署命令，由政府出资购买该社区居民的住宅。至此，拉夫运河社区居民的斗争取得了最终的胜利。[1]

拉夫运河社区事件实际上是低收入社区居民争取环境平等的典型事例。如果说拉夫运河社区事件把环境污染与收入差别联系起来，使人们注意到低收入民众承受过重的环境负担，而1982年的沃伦抗议事件则把环境污染与美国的种族问题联系起来，使人们重视到少数族群在环境负担上的不公平问题。

沃伦抗议事件可以向前追溯数年。1978年夏，一个垃圾处

---

[1] 参见高国荣：《美国环境正义运动的缘起、发展及其影响》，载《史学月刊》2011年第11期。

理公司将 31 000 加仑含有多氯联苯的有毒废液非法喷洒在北卡罗来纳州 240 英里的公路及两侧,导致 14 个县受到不同程度的污染。在有些地方,多氯联苯的含量比美国联邦环保局规定的标准高出 200 倍。州政府虽然在随后针对垃圾处理公司的诉讼中获得了胜诉,但如何处理这些有害垃圾确实是一个棘手的问题。1978 年 12 月,州政府决定将清理的 4 万立方英尺含有多氯联苯的渣土填埋在沃伦县肖科镇阿夫顿社区一个破产农场,但是该决定遭到了当地居民的坚决反对。由于沃伦县是北卡罗来纳州黑人人口比例最高的且最贫穷的县,肖科镇阿夫顿社区的黑人人口比例高达 84%,在此建立垃圾填埋场是经济成本最低的,因此,经过法院的裁定,垃圾填埋场最终于 1982 年得以建立。从 1982 年 9 月到 10 月,累计有 7223 车含有多氯联苯的垃圾被填埋在该地。政府的行为激起了当地居民的极大愤怒,进而使当地居民向全国求助并进行大规模的游行,许多抗议者横卧马路以阻止垃圾车辆的进入。这场抗议最终以 500 多名民众被捕而宣告结束。[1]沃伦抗议事件结束后,代表沃伦地区的议员随即要求美国联邦统计局调查美国境内大型垃圾填埋场的分布情况。随后,美国联邦统计局对美国西南部 4 座大型垃圾填埋场周边居民进行调查统计后发现有毒废弃物处理场的地址与种族和收入存在高度的关联关系,[2]进而在某种程度上为美国的环境正义运动提供了事实依据,推动了环境正义运动继续向前发展。

其实,拉夫运河社区事件和沃伦抗议事件只不过是美国环

---

[1] 参见高国荣:《美国环境正义运动的缘起、发展及其影响》,载《史学月刊》2011 年第 11 期。
[2] 参见黄之栋、黄瑞祺:《环境正义的"正解":一个形而下的探究途径》,载《鄱阳湖学刊》2012 年第 1 期。

境正义运动的冰山一角。环境正义运动从20世纪70年代开始在美国如火如荼地展开绝非偶然,而是有其发生的一系列主客观条件,其中最主要的条件有第二次世界大战后美国的民权运动、20世纪60至80年代的环保运动以及自由主义社会正义思想。

民权运动直接为环境正义运动提供了种族因素和权利思想。经过两次世界大战的摧残,人类重新认识到人的尊严与自由等基本权利是多么的重要和不可剥夺,这使曾经辉煌的自由主义经过短暂的衰落后重新回到西方话语的主导地位。以哈耶克为首的新自由主义者首先祭起自由主义的大旗,强调自由、平等、尊严等基本人权在道德话语中的首要性和优先性。也即,二战后新自由主义的兴起使权利话语重新主导着西方社会的话语权。正因为如此,由联合国大会于1948年12月10日通过并颁布的《世界人权宣言》在其"序言"中明确规定:对人权的无视和侮蔑已发展为野蛮暴行,这些暴行玷污了人类的良心,而一个人人享有言论和信仰自由并免予恐惧和匮乏的世界的来临,已被宣布为普通人民的最高愿望;对人类家庭所有成员的固有尊严及其平等的和不移的权利的承认,乃是世界自由、正义与和平的基础;各联合国国家的人民已在联合国宪章中重申他们对基本人权、人格尊严和价值以及男女平等权利的信念。所以,人人都应当享有"生命、自由和人身安全"[1]等一系列权利。在《世界人权宣言》的基础上,联合国大会于1966年12月16日以第2200(XXI)号决议通过了《公民权利及政治权利国际公约》并把该公约开放给各国签字、批准和加入,进一步强调"本盟约缔约国承允尊重并确保所有境内受其管辖之人;无分种族、肤色、性别、语言、宗教、政见或其他主张民族本源或社

---

[1] 《世界人权宣言》第3条。

会阶级、财产、出生或其他身分等等，一律享受本盟约所确认之权利"（第2条第1款规定）。

权利话语的兴起再次激起了美国黑人争取基本权利的斗争，把本已严重的种族歧视等种族主义问题推向了社会运动的前沿。美国黑人尽管在19世纪70年代以后摆脱了奴隶地位，获得了权利主体的法律地位，但是其社会地位还是非常低下，不能获得与白人平等的社会地位。南方各州纷纷效仿田纳西州于1870年后制定法律禁止种族通婚；尽管1875年的《民权法》禁止在餐馆、火车等公共场所歧视黑人，但该法律于1883年被联邦最高法院撤销；各州都于1877年后修改宪法，使选举权的行使取决于识字证明和人头税的缴纳，从而实际上剥夺了黑人的选举权；1896年美国联邦最高法院规定火车要为白人和有色人种提供"隔离而平等"的车厢，使种族隔离进一步合法化；这种隔离也延伸到教育系统，使白人和黑人不能同校。[1]这种种族隔离与歧视的政策早已在黑人心中埋下了愤怒的种子。此外，两次世界大战中以及战后美国工业的发展及劳动力短缺使大批黑人进入城市就业，从而使黑人的经济地位得到明显的改善和提高，使黑人有能力要求更大的社会平等。但是，尽管第二次世界大战后美国政府也开始主张并努力废除种族隔离与歧视，而且《公民权利及政治权利国际公约》也明确禁止各国实行种族歧视，美国黑人的基本人权仍然得不到保障，种族歧视仍然存在。所有这些因素共同激发了美国黑人为争取基本人权的民权运动，其中最为著名的就是马丁·路德·金领导的非暴力抵抗运动，号召人们抵制种族隔离政策，抵制不公正的法律，争取平等的权利。此外，部分激进的民权分子也采取大量暴力的方式发泄

---

[1] 参见侯文惠：《五、六十年代的美国民权运动》，载《史学集刊》1986年第1期。

心中的怒火。反对种族歧视争取种族平等的民权运动很快席卷美国全国，对美国的社会、政治、法律和经济都造成很大的影响，得到了政府的积极响应。1964年美国国会修订了《民权法》，明确禁止在任何项目或联邦财政资助的获取行为中基于种族、肤色或民族起源实施歧视。[1]1965年美国国会通过的联邦《选举法》明确禁止任何旨在阻止黑人选举的文化考试和歧视性检测等。与此同时，美国联邦最高法院也从司法上配合联邦立法，确认黑人的平等权利。[2]

民权运动在美国特定的时代背景下发生，实际上是美国黑人及少数族群追求自己与白人同等的权利的一种社会运动，最终得到了美国政府与社会民众的广泛认同。民权运动不仅使种族歧视成为美国社会与政治的敏感问题，而且也使种族因素成为某一社会问题广受关注以及获得政治支持的重要因素。当环境污染的不公平负担与种族因素在某种程度上建立起联系，其自然也会受到社会的广泛关注。所以，环境正义运动在某种意义上就是民权运动在新形势下的一种扩展。

如果说民权运动直接为美国的环境正义运动提供了权利思想和种族因素，那么发生于20世纪60至80年代的美国的环境运动就为环境正义运动提供了环境要素，使种族与权利因素和

---

[1] No person in the United States shall, on the ground of race, color, or national origin, be excluded from participation in, be denied the benefits of, or be subjected to discrimination under any program or activity receiving Federal financial assistance. See 42 U.S.C. 2000d.

[2] 在1964年贝尔起诉马里兰州一案（Bell v. Maryland）中，美国联邦最高法院以6∶3的票数，推翻了马里兰州法院以该州刑事非法侵入法判12名"静坐"示威者有罪的判决，并禁止餐馆所有者和经营者因种族因素拒绝提供服务的行为。参见陈其：《民权运动的高潮（1963-1965）——美国黑人社会地位演进系列（四）》，载http://www.pep.com.cn/gzls/js/xsjl/sjsyj/201107/t20110701_1051996.htm，最后访问日期：2024年5月20日。

环境污染连接起来。

其实，早在19世纪的时候，美国的环境主义思想就已经存在了，这也是20世纪60年代后环境运动思想的来源。其中比较有影响的代表性人物主要有亨利·大卫·梭罗、乔治·帕金斯·马什、约翰·缪尔等。梭罗主张有机体主义或者整体主义，认为"地球不是僵死的、无活力的物质，而是一个拥有某种精神的身体"；马什于1864年出版的《人与自然》是美国第一本全面探讨人类文明对环境的破坏性影响以及从伦理学角度如何保护自然的书，认为人对自然的统治没有能够做到"细心而有远见"，并警告人们"动物与植物生命之间的内在联系问题是如此的复杂，以致人的智力根本无法解决"，只有发动一场"伟大的政治和道德革命"才能纠正人类以往对大自然的粗心行为；缪尔作为一位环境主义者"证明了正在消逝的荒野的价值"，并公开指出"没有一个动物不是为了它自己而是为了其他动物而被创造出来的"，他提倡"动物的权利"。[1]但是，这些环境思想在当时并没有被大多数美国人民所认可与接受，其主要原因被学者归结为三个方面：一是在19世纪的大部分时间里，美国还拥有足够多的荒野，甚至美国大部分领土在当时都还是荒野，保护自然还不是当时美国优先考虑的问题；二是美国的知识分子和政治家们一直都把人的权利问题作为其关心的主要问题，从天赋人权一直到奴隶的解放、妇女的权利、印地安人的权利、劳动者的权利、黑人的权利等，而不是所谓的动物的权利、大自然的权利等；三是尽管美国在19世纪设立了黄石、艾迪龙达克、约瑟米蒂等国家公园，但其目的不是保护自然，而是为人们的娱乐、水源、猎物供应等提供场所，体现的是纯粹的人类

---

[1] 参见［美］纳什：《大自然的权利》，杨通进译，青岛出版社1999年版，第40~45页。

中心主义思想。[1]进入20世纪以后，美国的环境保护思想进一步发展。奥尔多·利奥波德的"大地伦理"主张将所有的自然存在物以及作为整体的大自然都纳入伦理关怀的范围之内，提倡用一种"与自然合作共存的思想"取代"对自然环境的征服和掠夺"。[2]

上述这些环境思想大多具有浪漫主义的理想色彩，与绝大多数民众的现实生活显得有些遥远，正因为如此，早期的环境运动被环境正义运动者斥为"主要关心自然环境的保存而不关心正义与种族问题"，[3]但是，"旧八大公害事件"的爆发直接把环境问题推向广大民众，环境问题成为摆在民众面前的必须解决的问题。由于西方国家自工业革命以来对大自然肆无忌惮的掠夺性开发利用所造成的污染与破坏经累积和迁移后在20世纪集中爆发，尤其是发生于20世纪30至60年代的"旧八大公害事件"，以及全球性的物种灭绝、土地荒漠化、可再生资源的枯竭、臭氧层空洞的扩大、地球表面气温的升高等，引起了包括美国在内的国际社会的广泛关注。更重要的是"旧八大公害事件"中有两起都发生在美国，使美国人民切实感受到了环境污染与破坏的严重后果，并且认识到保护环境不再只是部分人的远离大多数人的一种浪漫主义理想，而是直接关系到人们生命健康和财产安全的问题。并且，1962年蕾切尔·卡逊女士出版的《寂静的春天》进一步拉近了环境与人们日常生活的距离，使人们清楚认识到工业社会制造的各种有毒有害

---

[1] 参见[美]纳什:《大自然的权利》，杨通进译，青岛出版社1999年版，第38~39页。

[2] 参见李培超:《伦理拓展主义的颠覆——西方环境伦理思潮研究》，湖南师范大学出版社2004年版，第99页。

[3] Edwardo Lao Rhodes, *Environmental Justice in America: A New Paradigm*, Indiana University Press, 2003, p. 30.

化学物质对自然环境以及人类健康的威胁和损害，进而把西方的环境保护思想推向深入，刺激了美国环境保护运动的大规模展开。

其实，无论是环境正义运动，还是民权运动和环境保护运动，都离不开自由主义思想在二战后的复兴，都是在自由主义思想的激励下展开的社会运动。自由主义思想是环境正义运动、民权运动和环境保护运动中权利思想的最终来源。自由主义强调个体的自由、尊严、独立等，所有这些都可以归结为个体所享有的权利。自由主义经过文艺复兴时期"人文主义"思想的萌芽，经霍布斯系统化后由洛克、卢梭、康德等思想家的发展而达到顶峰，尽管不同自由主义思想家之间的观点存在差异，但他们理论最主要的共同之处就是强调权利的重要性，主张"权利优先于善"，以至于自由主义理论在某种意义上就是一种权利理论。[1]第二次世界大战以后自由主义思想在西方社会的复兴使权利话语重新成为西方话语的主导者。在自由主义思想主导下的社会正义理论自然也是高举权利的旗帜，该理论的典型代表人物就是约翰·罗尔斯先生。作为罗尔斯正义理论集中体现的《正义论》代表了古典自由主义在当代的复兴，其以宏大的理论框架将自由主义置于洛克、康德的社会契约理论基础上，对自边沁以来的功利主义提出了强烈的批评。[2]

罗尔斯的正义理论强调对社会基本善的分配必须遵循"词典式"的两个正义原则，即平等原则（"每个人对与其他人所拥有的最广泛的基本自由体系相容的类似自由体系都应有一种平等的权利"）和差别原则（"社会的和经济的不平等应这样安排，使它们被合理地期望适合于每一个人的利益，并且依系于

---

[1] 参见刘卫先：《后代人权利论批判》，法律出版社2012年版，第21页。
[2] 李强：《自由主义》，吉林出版集团有限责任公司2007年版，第127页。

地位和职务向所有人开放")。[1]凡是按照顺序遵循这两个正义原则对社会善进行的分配,都是正义的。把这种分配正义应用于环境负担与环境好处的分配,就形成了环境正义运动所要求解决的环境正义。所以,在某种意义上我们可以说,环境正义运动是在罗尔斯式的分配正义理论的激励下产生的,其中的环境正义就是罗尔斯式的分配正义在环境污染社会背景下的具体体现。

总之,在战后复兴的自由主义思想及其正义理论的激励和指导下,在民权运动和环境保护运动的感染和影响下,夹杂着权利、环境、平等、种族等复杂因素的环境正义运动从20世纪70年代开始在美国大规模爆发了。环境正义运动的继续发展催生了美国的环境正义理论。

二、环境正义理论在美国的发展

类似于拉夫运河社区事件和沃伦抗议事件的事件在美国大规模地爆发,引起了学者对该类事件的关注和研究。但是,学者们对这类事件所反映的平等、种族与环境污染负担问题的称呼不尽相同,有学者将其称为环境平等,有学者将其称为环境种族主义,有学者将其称为环境正义。

从字面上看,环境平等注重的是人们在环境好处的分享与环境负担的分担上的平等,更强调低收入阶层和高收入阶层之间的一种平等,拉夫运河社区事件反映的主要是环境平等问题;环境种族主义是一种较为激进的带有强烈感情色彩和政治氛围的称谓,其实质上强调的也是环境平等,只不过是把黑人等少数种族的歧视因素放在更加突出的位置,沃伦抗议事件反映的

---

[1] 参见[美]约翰·罗尔斯:《正义论》,何怀宏、何包钢、廖申白译,中国社会科学出版社1988年版,第60~62页。

主要是环境种族主义；环境正义是从环境平等转化而来，可以把平等、种族、权利等因素都包括进来，是一个更具有包容性的中性概念。20世纪90年代以前，美国联邦环保局、美国国会等机构一般都使用环境平等这一中性称谓，但自从联邦环保局于1992年将环境平等委员会改为环境正义委员会后，美国各级政府机构以及社会团体一般都用更具包容性的环境正义取代环境平等，理论研究者也大多采用环境正义一词。尽管环境正义在美国已经有几十年的发展历程，但美国学者至今仍不能就环境正义达成一致看法。绝大多数学者认为环境正义就是环境负担的一种分配正义，但也有部分学者认为环境正义不仅仅是环境负担的分配正义，还应包括承认正义和参与正义。

在环境正义理论发展初期，研究者们在环境正义运动的影响下，主要通过实证调查等手段从空间地理分布上揭示大量环境不正义现象在整个美国的存在，其中最为著名的调查报告就是美国联合基督教会于1987年发布的《美国的有毒垃圾与种族：关于有害废弃物处理点所在社区的种族和社会经济性质的全国报告》。该报告是第一份涵盖美国全国的关于有害垃圾处理点与社区的种族、社会经济地位等情况的报告，其采用"邮递区号标定法"[1]，通过对美国415个正在使用和18 164个已经关闭的商用有毒废弃物处理设施的调查研究，发现有毒废弃物处理场址的分布存在种族歧视的倾向，指出种族因素是选择有毒废弃物处理场址的一个最为重要指标。在此报告的基础上，美国联合基督教会于1994年发表了一份连续报告，指出与1987

---

[1] 邮递区号标定法就是利用美国邮政系统所提供的五码邮递区号来标定所要研究的场址，以该邮递区号为中心收集临近居民的人口和收入等信息，再把这些收集来的信息与附近没有相关场址的居民数据加以比较，以确定场址、收入、种族等因素之间的关系，借此推断该区域有无环境不正义。该方法成为早期对环境正义进行实证调查研究的标准方法。

年的状况相比,美国的环境不正义问题不但没有减轻,反而更加严重,垃圾场存于少数族群社区的比例由原来的 25% 提高到 31%。[1] 不仅如此,有"美国环境正义之父"之称的布拉德(Bullard)以及其他研究者的一系列研究成果也在不同程度上揭示了环境不正义现象在美国的存在(如下表所示)。

美国研究者所揭示的环境不正义(收入和人种对环境负担的影响)[2]

研究者与年份	有害物质	研究目标区域	因收入而分配不平等?	因种族而分配不平等?	收入和种族哪一个更重要?
CEQ(1971)	空气污染物	一个城市区域	是	不适用(not applicable)	不适用
Freeman(1972)	空气污染物	多个城市区域	是	是	种族
Harrison(1975)	空气污染物	多个城市区域	是	不适用	不适用
	空气污染物	全美	否	不适用	不适用
Kruvant(1975)	空气污染物	一个城市区域	是	是	收入
Zupan(1975)	空气污染物	一个城市区域	是	不适用	不适用
Burch(1976)	空气污染物	一个城市区域	是	否	收入

---

[1] 参见黄之栋、黄瑞祺:《环境正义论争:一种科学史的视角——环境正义面面观之一》,载《鄱阳湖学刊》2010 年第 4 期。

[2] See Paul Mohai and Bunyan Bryant, "Demographic Studies Reveal a Pattern of Environmental Injustice", *Environmental Justice* (C), Greenhaven Press, 1995, p. 13.

续表

研究者与年份	有害物质	研究目标区域	因收入而分配不平等？	因种族而分配不平等？	收入和种族哪一个更重要？
Berry et al.（1977）	空气污染物	多个城市区域	是	是	不适用
	固体废物	多个城市区域	是	是	不适用
	噪声	多个城市区域	是	是	不适用
	杀虫剂毒害	多个城市区域	是	是	不适用
	大鼠风险	多个城市区域	是	是	不适用
Handy（1977）	空气污染物	一个城市区域	是	不适用	不适用
Asch&Seneca（1978）	空气污染物	多个城市区域	是	是	收入
Gianessi et al.（1979）	空气污染物	全美	否	是	种族
Bullard（1983）	固体废物	一个城市区域	不适用	是	不适用
U. S. GAO（1983）	有毒废物	南部地区	是	是	不适用
United Church of Christ（1987）	有毒废物	全美	是	是	种族
Gelobter	空气污染物	多个城市区域	是	是	种族
		全美	否	是	种族
West et al.（1992）	毒鱼消费	一个州	否	是	种族

此外，还有学者对底特律市某一商业毒废弃物处理场周边的人口情况进行调查后发现，在有毒废弃物处理场1英里之内的区域，少数种族的人口占48%，贫困线以下的人口占29%；在距离有毒废弃物处理场1英里以外，1.5英里以内的区域，少数种族的人口占39%，贫困线以下的人口占18%；而在距离有毒废弃物处理场1.5英里以外的区域，少数种族的人口占18%，贫困线以下的人口占10%。而对底特律所有城市居民与有毒废弃物处理场之间的距离关系进行调查后发现，在距离有毒废弃物处理场1英里以内的区域，白人占20%，少数种族人口占80%，贫困线以上的人口占48%，贫困线以下的人口占52%；在距离有毒废弃物处理场1英里以外1.5英里以内的区域，白人占21%，少数种族人口占79%，贫困线以上的人口占85%，贫困线以下的人口占152%；在距离有毒废弃物处理场1.5英里以外的区域，白人占25%，少数种族人口占75%，贫困线以上的人口占66%，贫困线以下的人口占34%。[1]这些调查结果在一定程度上都揭示出环境不正义现象在美国的大范围存在，在舆论上与环境正义运动相呼应，促进环境正义向制度化方向迈进。

1991年10月24日至27日，美国第一届有色人种环境领导人峰会在华盛顿召开，代表300多个团体的550名与会者就环境正义问题进行了热烈的讨论，最后达成17条具有指导意义的环境正义原则：①确认地球母亲、生态整体性、所有物种的相互依靠以及免遭生态破坏之权利的神圣；②公共政策应基于所有民族的相互尊重和正义，免于任何形式的歧视或偏见；③为了人类和其他生物的可持续的行星的利益，授予对土地和可再生资源

---

[1] See Paul Mohai and Bunyan Bryant, "Demographic Studies Reveal a Pattern of Environmental Injustice", *Environmental Justice* (C), Greenhaven Press, 1995, pp. 18-19.

进行道德的、平衡的、负责任的使用的权利；④全面保护环境免受核试验、开采、加工以及有毒有害废弃物处理所致的损害，它们威胁人们基本的对清洁的空气、土地、水和食物的权利；⑤所有民族都拥有基本的政治、经济、文化与环境自决权；⑥停止所有有毒物质、有害废物与放射性物质的生产，过去与现在的生产者对生产地点的解毒与控制承担严格的责任；⑦授予人们在任何层次包括评估、规划、实施、执行和评价的决策中作为平等合伙人的参与权；⑧所有工人都有权享有一个安全和健康的工作环境，而不是被迫在忍受污染与失业之间进行选择；⑨保护环境不正义的受害者有权获得全面的赔偿、康复和优质的医疗服务；⑩政府的环境不正义行为违反了国际人权宣言和有关种族灭绝的联合国公约；⑪必须认识到原住民通过与美国政府签订的条约、协议而获得的自治与自决的权利，进而与美国政府形成一种特殊的法律与自然关系；⑫城市和农村的生态政策要在与自然平衡中净化和重建我们的城市和农村地区，尊重我们所有社区的文化整体性，给予所有人平等的获得充足范围的资源的权利；⑬严格执行已知协议，停止在有色人种身上进行接种疫苗、药物程序、实验性繁殖的试验；⑭反对跨国公司的破坏性操作；⑮反对军事占领，压迫和掠夺土地、民族、文化和其他生命形式；⑯在我们的经历和对文化多元性尊重的基础上为现在和未来的人们提供强调社会和环境问题的教育；⑰作为个人，我们应当使人们选择尽量少地消费地球母亲的资源并产生尽量少的废物，为了当代和未来世代有意改变和优化我们的生活方式确保自然世界的健康。[1]有学者认为这17条正义原则包括以下三个方面的内容：一是"尊重神圣的地球母亲、

---

[1] The Principles of Environmental Justice. www.ejnet.org/ej/，最后访问日期：2024年7月8日。

生态系统的完整及所有物种的相互依存关系";二是"反对污染和战争,全面保护环境免受核试验、开采、生产及废弃物处理所导致的损害,停止一切有毒有害物质的生产,反对跨国公司对有毒有害物质的越境转移,反对军事占领、镇压及其他破坏性开发";三是"争取平等的环境权益"。[1]但这三个方面的内容实际上就是两个方面或者是两个方面的目标,即保护环境和环境权益。前两个方面体现的是对环境的保护,也是实现环境权益的最根本措施;第三个方面强调的是环境正义的传统内容,即平等的环境权益。所以,这17条环境正义原则体现了环境正义的扩展。

尽管环境正义的影响越来越广,但它并没有获得美国联邦立法的认可。1992年约翰·刘易斯(John Lewis)代表和戈尔(Al Gore)参议员提请《1992环境正义法案》,希望通过确认环境高影响区域去帮助那些面对有毒物质和污染的最大风险的人,但该法案在听证程序中就被扼杀了。次年,另一份国会环境正义法案也是同样结果。此后,国会不再建议任何环境正义法案。虽然环境正义的立法没有成功,但环境正义进一步发展引起了美国联邦政府的重视。1992年,美国联邦环保局成立环境正义办公室。1993年,联邦环保局宣布环境正义是其战略计划的一项指导原则,以减少少数种族社区过多数量的污染和有毒废物处理设施。[2]1994年2月11日,克林顿政府颁发了有关少数种群和低收入人群的环境正义的12898号行政命令。该行政命令对有关环境正义的"实施""联邦机构对联邦计划的责任""调

---

[1] 参见高国荣:《美国环境正义运动的缘起、发展及其影响》,载《史学月刊》2011年第11期。

[2] See Jeannette De Guire, "The Cincinnati Environmental Justice Ordinance: Proposing a New Model for Environmental Justice Regulations by the States", *Cleveland State Law Review*, Vol. 60, 2012, pp. 227~231.

查、数据收集和分析""鱼和野生动物的生存消费""公众参与和信息获取""一般规定"六个方面作出了相应的规定,要求各联邦机构重视环境正义问题并力图克服环境不正义。比如,在第一部分"实施"中明确要求每一个联邦机构都要将实现环境正义作为其任务的一部分,防止其计划、政策、行动对少数种族和低收入人群的健康与环境产生不适当的影响;成立一个环境正义整体工作组。在第四部分"鱼和野生动物的生存消费"中明确要求联邦机构要告诉公众依赖鱼和野生动物的消费模式存在风险,并及时发布有关受污染的鱼和野生动物的健康风险的最新科学信息,等等。该行政命令实际上是在立法失败的情况下确认了包括联邦环保局在内的联邦机构旨在促进环境正义的一系列工作。为了实现该行政命令的内容,联邦环保局不断更新其为实现环境正义的战略计划。但是,无论是总统的行政命令还是联邦环保局的战略计划都没有为联邦机构实施或执行环境正义政策设置任何约束性的要求。并且,2006年的一项评估显示联邦环保局的计划和地方办公室没有执行12898号行政命令的环境正义要求。[1]与联邦立法状况一样,美国各州的环境正义立法也没有成功。

但是,与环境正义在美国联邦和州的立法命运不同,辛辛那提市率先于2009年6月24日制定了《环境正义条例》,对"收集数据""提供有意义的公众参与""确保平等的执行"等方面作出了较明确的规定,具有较强的可操作性,被学者认为是"为环境不正义受害者的请求提供了一个正式的法律补救措

---

[1] See Jeannette De Guire, "The Cincinnati Environmental Justice Ordinance: Proposing a New Model for Environmental Justice Regulations by the States", *Cleveland State Law Review*, Vol. 60, 2012, p. 231.

施",应当成为美国环境正义立法的一个"典范"[1]。

虽然美国学者对环境正义尚未形成共识,联邦和州立法机构也没有对环境正义从立法上加以确认和规定,但联邦环保局还是在20世纪90年代对环境正义给出了自己的界定,即"在制定、实施、执行环境法律、规章和政策时,确保所有人不分种族、肤色、原国籍和收入水平都享受公正的待遇并且能够有意义的参与";"公正待遇"是指"一个群体(包括种族、民族或按照社会经济条件划分的群体)都不应当不合比例地承受工业、市政或商业活动所产生的不良环境影响,也不应当不合比例地受到联邦、州、地方政府和部落计划与政策的影响";"有意义地参与"指的是:"可能受到环境影响的居民有适当机会参与决定对环境或健康有影响的计划;公众意见能够影响监督部门的决定;决策程序尊重所有参与者的意见;决策者主动征求可能受影响者的意见并促进其参与。"[2]这一定义很明显对美国政府以及相关学者都产生了一定的影响。不仅笔者在前文所述的美国政府的环境正义行政命令以及辛辛那提市的环境正义条例都强调公众的有意义参与,而且部分学者也强调将环境正义扩展到参与正义[3]。

其实,从美国环境正义的产生与发展中,我们不难发现美国环境正义具有以下三个较为明显的发展趋势与特点。

首先,环境正义从与环境保护运动格格不入到与环境保护

---

[1] See Jeannette De Guire, "The Cincinnati Environmental Justice Ordinance: Proposing a New Model for Environmental Justice Regulations by the States", *Cleveland State Law Review*, Vol. 60, 2012, pp. 238~240.

[2] 黄之栋、黄瑞祺:《环境正义的"正解":一个形而下的探究途径》,载《鄱阳湖学刊》2012年第1期。

[3] Edwardo Lao Rhodes, *Environmental Justice in America: A New Paradigm*, Indiana University Press, 2003, p. 14.

运动渐趋融合。虽然环保运动为环境正义运动提供了"环境"因素，使人们注意到环境污染与破坏后果的严重性，尤其是对人们健康与财产的威胁与损害，但是环境正义运动在开始的时候与环保运动还是具有明显的区别，甚至是格格不入，正如"种族不是环保组织关心的问题"一样，"环境也不是穷人和少数人种所关心的问题"[1]。环境正义运动组织指责主流环保组织不仅都是由中产阶级的白人组成，缺乏穷人和黑人代表，而且还接受部分污染企业的赞助，使污染企业的负责人成为环保组织的董事会成员，进而导致主流环保组织只关心大地、山川、河流、树木等自然体，而对环境污染导致的穷人与黑人的身心健康损害等不闻不问，甚至以牺牲弱势群体的利益为代价与污染企业妥协。当环境污染导致穷人和黑人等有色种族的身心健康遭受严重损害时，他们自然就很难获得环保组织的帮助。正如拉夫运河社区运动事件所显示的一样。社区领导人吉布斯最初求助于环保组织但被环保组织拒绝，在无望之下，只能自力更生，把社区居民组织起来进行斗争。吉布斯把自己与环保组织明确区分开来，声称自己领导的运动不是环保运动，而是民权运动，把我们的斗争视为环保运动不利于我们工作的开展，"我们会被误认为是保护鸟禽和蜜蜂，而不是人"。[2]

但是，随着环境正义的发展，环境正义与环保运动逐渐改变了原有的对立态度，渐趋融合。主流环保组织不仅改变了其原有的人员构成，逐渐把穷人和黑人等有色种族的人纳为成员，而且认识到环境保护与贫困问题密不可分。与此同时，在国际

---

[1] Edwardo Lao Rhodes, *Environmental Justice in America: A New Paradigm*, Indiana University Press, 2003, p. 31.
[2] 参见高国荣：《美国环境正义运动的缘起、发展及其影响》，载《史学月刊》2011年第11期。

上，在以挪威前首相布伦特兰为首的联合国环境与发展委员会作出的报告《我们共同的未来》中也明确承认贫穷是环境的一个重要威胁，要想克服环境危机，必须解决第三世界的贫穷问题。并且，在理论上，环境保护运动与环境正义的最终目标具有一致性。环保运动通过保护环境最终实现保护所有人的身心健康与财产安全；环境正义是直接关心和保护弱势群体的身心健康与财产安全，但如果环境得不到彻底的保护，弱势群体的身心健康与财产安全难以得到有效保护。一方面，地球之友、绿色和平组织、塞拉俱乐部等开始吸纳少数种群的人作为它们的成员、职工和决策者；另一方面，这些环保组织在具体的环境正义案件中通过提供组织或信息资源参与到环境正义运动中。[1]正如美国野生动物联盟主席海尔（Jay Hair）的态度转变一样。海尔在20世纪80年代初拒绝参与环境正义运动，而到了80年代末期，他积极参与环境正义运动，雇佣大量的有色人种成员，并成立少数族裔委员会解决南方的贫穷问题，其坦言"环境问题与社会正义问题是紧密联系的"。此外，美国著名的环保组织塞拉俱乐部和自然资源保护委员会都于1991年参加了有色人种环境领导人峰会，表达了与环境正义组织合作的积极愿望，直言"环境正义符合环保组织的利益"，并且认识到"种族主义、贫穷与环境退化存在紧密联系，都是影响生活质量的同一个政策和实践的一个部分，环保运动不可能只解决一个而不解决或帮助解决另一个问题"。[2]

面对环保组织的积极努力，环境正义组织也与其同行，做

---

〔1〕 Edwardo Lao Rhodes, *Environmental Justice in America: A New Paradigm*, Indiana University Press, 2003, p. 40.

〔2〕 参见高国荣：《美国环境正义运动的缘起、发展及其影响》，载《史学月刊》2011年第11期。

出了相应的努力。环境正义组织不再是仅仅关注少数种群和穷人或者政治上被歧视者的孤立组织，而是变成了许多主流环保组织政策机构的一部分，把其关注的范围扩展到地球环境的保护。[1]1991年首届美国有色人种环境领导人峰会的召开及其宣布的正义原则就是一个再好不过的证明。这是一次由环境正义组织召开的会议，但参会的不仅仅是环境正义组织，还包括大量主流环保组织。正如作为大会组织者的美国环境正义著名领袖戴安娜·阿尔斯顿（Dana Alston）明确指出的那样，这次集会不是要反对环保运动，而是要确认人类与自然的联系以及对自然的尊重。这一指导性的思想明确体现在大会所达成的环境正义原则中，如"尊重神圣的地球母亲、生态系统的完整以及所有物种的相互依存关系""全面保护环境免受核试验、开采、生产以及废弃物处理所导致的损害"等原则，而这些原则和指导思想正是以前主流环保组织所要实现的目标。

其次，环境正义从关注穷人与有色人种等少数种群的环境负担的公平转向保护所有人免遭环境污染的损害。环境正义运动早期的口号是"不要在我家后院"（Not in my back yard）处理垃圾和有毒有害废物，至于垃圾在什么地方处理和倾倒，则不是环境正义所关心的问题。言外之意，垃圾应当在富人和白人附近处理。此时的环境正义目标是一种明显的损人利己目标。随着环境正义的发展，环境正义所追求的目标逐渐从损人利己转变为利己但不损人，即"不要在任何家"（Not in anybody's backyard）甚至"不要在地球上"（Not on the plant of Earth）处理垃圾或者不要将垃圾处理场"盖在任何地方"，正如美国联合基督教会环境种族正义调查委员会前会长本杰明·查维斯

---

〔1〕 Edwardo Lao Rhodes, *Environmental Justice in America: A New Paradigm*, Indiana University Press, 2003, p. 41.

(Benjamin Chavis)明确指出的那样,"我们并不是要把焚化炉或有毒废弃物垃圾场赶出我们的小区,然后把它放到白人小区里,我们要说的是,这些设施不能设在任何人的社区里"。[1]如果说"不要在我家后院"处理垃圾是对以穷人和黑人为代表的少数种群的利益的保护,追求的少数种群在环境负担上与白人富人的公平,那么"不要在任何家后院"或者"不要在任何地方"处理垃圾体现的即是对所有人的平等保护,也是对地球环境的保护,实质上追求的是垃圾的零排放和零污染,这也是与主流环保运动的目标相一致的,进而从另一个侧面体现了环境正义与环保运动的融合。

最后,环境正义的内涵不断丰富。从开始时的环境平等、环境种族主义发展到现在的环境正义,环境正义已经不仅仅是穷人与富人之间或者有色人种与白人之间针对环境有害物质公平分配的问题,而是夹杂着教育、医疗卫生、职业健康、政策决策,甚至是军事与国际问题等的复杂问题,正如美国第一届有色人种环境领导人峰会所讨论的议题以及所达成的环境正义原则所显示的那样。仅仅强调环境负担的公平分配不利于对环境正义问题的解决,正因为如此,克林顿政府的12898号环境正义行政命令以及辛辛那提市的《环境正义条例》都强调了公众参与环境决策的重要性,正如有学者对环境正义梳理分析后明确指出,"仅仅强调分配正义是不完整的","分配的不平等、缺乏承认、受限制的参与以及个人与群体能力的严重不足共同促成了不正义"[2]。换言之,环境正义的内容不仅包括分配正

---

[1] 参见黄之栋、黄瑞祺:《光说不正义是不够的:环境正义的政治经济分析——环境正义面面观之三》,载《鄱阳湖学刊》2010年第6期。

[2] David Schlosberg, *Defining Environmental Justice: Theories, Movements and Nature*, Oxford University Press, 2007, p. 39.

义，而且还包括承认正义、参与正义、能力正义等；从横向看，环境正义不仅包括国内正义，还包括国际正义、代际正义、种际正义，每一类环境正义中都包括分配、承认、参与、能力建设等内容。[1]

三、环境正义理论在我国的发展及其维度

环境正义在美国的发展也广泛影响到世界其他国家和地区。全球环境危机的话语背景为环境正义从美国向世界其他国家和地区的传播提供了共同的"环境"话语要素，但美国的环境正义毕竟是在美国特有的种族主义、环保运动等社会背景下产生的，而其他国家和地区也许并不存在这种社会背景，从而在一定程度上阻碍了环境正义对其他国家和地区的影响。尽管如此，就环境正义在世界范围的传播与发展而言，环境时代的"环境"要素似乎具有压倒一切的力量，使环境正义跨越种族主义、环境运动等社会背景，成功登陆其他国家和地区。各国民众、环保组织、学者以及政府开始注意到环境污染对不同阶层、不同地域的人所造成的损害和影响不同，结合各国和地区的实际情况，实现环境正义的"本土化"。

环境正义在我国的本土化过程是从我国学者大量引介美国的环境正义开始的，范围涉及伦理学、法学、公共管理乃至历史等领域。在介绍美国环境正义的基础上，我国学者根据我国相关领域的理论研究以及我国相应的现实情况，对环境正义进行了进一步的研究。综观我国学者对环境正义的研究，可以归入以下四种模式：

第一，集中于对美国环境正义的引介及其对我国的启示，

---

[1] See David Schlosberg, *Defining Environmental Justice: Theories, Movements and Nature*, Oxford University Press, 2007.

如文同爱的《美国环境正义概念探析》、[1]文同爱的《美国环境正义立法评介》、[2]王韬洋的《环境正义：当代环境伦理发展的现实趋势》、[3]王韬洋的《"环境正义运动"及其对当代环境伦理的影响》、[4]王小文的《美国环境正义理论研究》、[5]王向红的《美国的环境正义运动及其影响》、[6]晋海的《美国环境正义运动及其对我国环境法学基础理论研究的启示》、[7]高国荣的《美国环境正义运动的缘起、发展及其影响》[8]等。

第二，对国外学者环境正义思想的介绍及其对我国环境正义理论的启发，如尹才祥的《论大卫·哈维的环境正义思想》、[9]孙越的《海德格尔环境正义思想研究》、[10]刘杰的《反思平衡的环境正义论——彼得温茨的〈环境正义论〉述评》、[11]曾建平的《池田大作环境正义观》、[12]张乐民的《奥康纳的环境正义思想探析》、[13]张惠娜、徐立云的《布克金的环境正义理论及其当代启示》[14]等。

第三，在美国环境正义运动的启示下，对我国的城乡差别、地

---

[1] 载《探索·创新·发展·收获——2001年环境资源法学国际研讨会论文集》（上册）。
[2] 载《环境资源法论丛》2005年第1期。
[3] 载《浙江学刊》2002年第5期。
[4] 载《求索》2003年第5期。
[5] 南京林业大学2007年博士学位论文。
[6] 载《福建师范大学学报（哲学社会科学版）》2007年第4期。
[7] 载《河海大学学报（哲学社会科学版）》2008年第3期。
[8] 载《史学月刊》2011年第11期。
[9] 载《学海》2012年第5期。
[10] 载《科学技术哲学研究》2014年第6期。
[11] 载《国外社会科学》2013年第1期。
[12] 载《井冈山大学学报（社会科学版）》2011年第3期。
[13] 载《学术论坛》2011年第6期。
[14] 载《唐都学刊》2015年第4期。

域差异、邻避运动等环境不正义现实的关注并探索相应的应对之道，如张祝平的《农村水环境社会治理与城乡环境正义诉求》、[1]雷俊的《城乡环境正义：问题、原因及解决路径——基于多维权力分布的视角》、[2]华启和的《邻避冲突的环境正义考量》、[3]朱红的《当代中国环境正义问题研究》、[4]朱力、龙永红的《中国环境正义问题的凸显与调控》、[5]罗大文的《西部资源开发中的环境正义问题——以陕西榆林能源产业发展为例》[6]等。

第四，对环境正义理论进行建构和分析，如马晶的《环境正义的法哲学研究》、[7]李培超、王超的《环境正义刍论》、[8]曹孟勤的《环境正义：在人与自然之间展开》、[9]刘湘溶、张斌的《环境正义的三重属性》[10]张斌的《环境正义理论与实践研究》、[11]李培超的《论环境伦理学的"代内正义"的基本意蕴》、[12]李薇薇、胡志刚的《论环境正义——从罗尔斯〈正义论〉关于动物和正义的思想说起》、[13]杨通进的《全球环境正义及其可能性》、[14]向玉乔的《人类分配正义观念向自然环境

---

[1] 载《浙江工商大学学报》2015年第2期。
[2] 载《理论探索》2015年第2期。
[3] 载《中州学刊》2014年第10期。
[4] 华侨大学2014年硕士学位论文。
[5] 载《南京大学学报（哲学·人文科学·社会科学版）》2012年第1期。
[6] 载《前沿》2012年第16期。
[7] 吉林大学2005年博士学位论文。
[8] 载《吉首大学学报（社会科学版）》2005年第2期。
[9] 载《烟台大学学报（哲学社会科学版）》2010年第3期。
[10] 载《天津社会科学》2008年第2期。
[11] 湖南师范大学2009年博士学位论文。
[12] 载《伦理学研究》2002年第1期。
[13] 载《自然辩证法研究》2008年第11期。
[14] 载《天津社会科学》2008年第5期。

的延伸》[1]等。

从我国学者对环境正义的研究可以发现，学者们对何谓环境正义尚未达成共识，环境正义理论正在形成和发展中。尽管如此，我国大多数学者还是把环境正义理解为对环境物品（利益）与环境负担分配的一种正义，其在维度上包括三种类型，即代内正义、代际正义和种际正义，其中代内正义包括国内环境正义和国际环境正义，而国内环境正义又包括城乡环境正义、区域环境正义以及环境邻避运动所追求的环境正义等。

总之，环境正义从诞生到发展扩大，展示出一幅欣欣向荣的景象。尽管如此，环境正义虽经近半个世纪的发展仍然无法给人以清晰明确的面孔和轮廓，这不可能用"遗憾"一词就可以搪塞过去，也不可能把责任全部推到"环境"与"正义"的客观复杂性上，而是需要人们对环境正义进行反思，以认清其本质。为了更好地认识和把握现有的环境正义理论，我们有必要进一步分析其目的和逻辑内涵，进而揭示其自身的困境与不足。

---

[1] 载《伦理学研究》2013年第4期。

第二章
环境正义理论的目的与困境

在人文社会科学领域，任何一种理论的提出都是为了应对和解决一定的理论与现实问题。环境正义理论也不例外。为了从环境正义的理论纷争中更清楚地认识和把握环境正义，我们必须发现环境正义理论的目的，分析环境正义理论实现该目的所遵循的逻辑，进而对现有的环境正义理论做出适当的评价。

一、环境正义理论的目的

虽然环境正义是在环保思想的激励下产生的，但环境正义理论在诞生初期的目的毫无疑问不是保护环境，而是为了保护穷人和有色人种等少数种群因环境污染而遭受威胁和损害的人身权益和财产权益。主流环保组织不愿意参加初期的环境正义运动并拒绝为其提供帮助，正因为如此，拉夫运河社区事件的领导人吉布斯才自己组织人员进行维权斗争，并声明其所领导的运动是民权运动而不是环保运动。在主流环保组织的观念中，环境就是大自然，是山川、河流、濒危物种和生物多样性、湿地、海洋等，而在初期的环境正义组织眼中，环境就是人们学习、工作、生活、玩耍的地方，是人们房前屋后的环境，这种环境的问题被主流环保组织认为不是现代环境危机时代的环境问题，而是社区卫生问题。基于这种认识和观念上的差异，主流环保组织和诞生之初的环境正义组织在"人员构成""组织策略"及"正义取向"上都有不同。[1]例如,在人员构成方面,环保组织主要由中产阶级白人等社会精英组成,环境正义组织则主要由黑人、穷人等草根民众组成;在组织策略方面,环保组织主要采取诉讼的方式进行,进而影响相关法律的制定,环境正义组织则主要通过游行、抗议等方式进行,直接表达对环境不正义的不满;在正义取向方面,环保组织取向于不同物种之间的平等与正义,追求大自然的权利,环境正义组织则取向于不同人群之间的平等与正义,追求的是穷人、有色人种等少数人的权利。

主流环保组织与新诞生的环境正义组织之间的诸多差异在某种意义上还在于它们的直接根源不同。在美国,主流环保组织直接源于人们对"如何对待和利用自然资源"这一问题的探讨和不同看法,并形成了以平肖和缪尔为代表的两派观点,即明智地利用观点和保存观点。前者认为应当对自然资源进行科学、合理地开发利用,对自然应当有所作为,而不是保存不用;后者认为应当对荒野进行保存,禁止在国家森林公园和自然保护区等地进行任何经济性开发利用。所以,无论是明智地利用还是保存,都是人们对大自然的态度,而不是人们对待社区环境的态度。与此不同,环境正义运动直接源于少数种群社区的污染对居民的人身权益和财产权益的侵害,这种污染远离荒野,在表面上与环保组织所指的大自然"无关"。

尽管如此,环保运动和环境正义运动毕竟都是在现代环境危机的社会背景下产生的,都是现代社会的环境污染与环境破坏促使人们作出的某种反应,只不过人们在开始时所主要侧重关注的对象不同。如果说环保运动和环保组织主要关注的是广阔的大环境,那么,环境正义运动和环境正义组织在开始时主

---

[1] 参见王云霞:《环境正义与环境主义:绿色运动中的冲突与融合》,载《南开学报(哲学社会科学版)》2015年第2期。

要关注的则是社区小环境及其对人们人身利益和财产利益的损害。其实，环保主义与环境正义的这种不同只是一种表面现象。无论是环保主义的大环境还是环境正义的小环境，在现代生态学的视野下，都是整个地球生态系的有机组成部分，是不可能人为分割开的。整个地球就是一个"封闭的循环"[1]，由大大小小无数次级、再次级的小的生态系统组成，各生态系统之间不停地进行着物质循环、能量流动、信息传递，以保持生态系统的相对稳定与平衡。正如有学者所明确指出的那样，"整个地球是一个大的封闭系统，他由许许多多细小的生产环节相互关联所组成；每一个小环节的产物或废物的输出也是另一个小环节的原料输入"。[2]这种生态系统的整体性可以说是牵一发而动全身的。"大环境"的变化会导致"小环境"的变化，"小环境"的恶化同样也会影响到"大环境"。生态系统的整体性实际上已经在客观上把环境正义与环保主义联系在一起了。如果环保主义视野中的"大环境"得不到有效保护，环境正义视野中的"小环境"及其追求的人身权益和财产权益就不可能得到彻底有效的保护，以至于有学者直言环境正义运动与环保运动应是"天然的同盟"，它们"不可能是两种不同的社会运动，而应是一个大运动中的两个方面"，二者在"维护环境的健康、可持续性和完整统一"方面"有太多共同努力的目标"[3]。所以，

---

[1] [美] 巴里·康芒纳：《封闭的循环——自然、人和技术》，侯文蕙译，吉林人民出版社1997年版。

[2] [美] V. F. 韦斯科夫：《人类认识的自然界》，载吕忠梅：《环境法新视野》，中国政法大学出版社2000年版，第4页。

[3] Ronald Sandler, Phaedra C. Pezzullo, "Revisiting the Environmental Justice Challenge to Environmentalism", in Ronald Sandler, Phaedra C. Pezzul-lo (eds), *Environmental Justice and Environmentalism: The Social Justice Challenge to the Environmental Movement*, Cambridge, Massachusetts: The MIT Press, 2007, p.1, 转引自王云霞：《环境正义与环境主义：绿色运动中的冲突与融合》，载《南开学报（哲学社会科学版）》2015年第2期。

只有使自然环境得到有效保护，才能使人们的人身权益和财产权益最终免受环境污染与破坏的威胁与损害，才能使环境正义初期所追求的保护少数种群之人身权益和财产权益的目的得以实现。也许正是认识到这一点，从20世纪90年代起，美国的环境正义逐渐走向了与环境保护相融合与合作的道路。正如笔者在上文的论述，1991年美国有色人种环境领导人峰会的召开及其达成的17条环境正义原则，为环境正义与环境保护的融合创造了一个新的起点，并且该17条正义原则中大部分原则都是为了直接保护环境。并且，随着环境正义运动的进一步发展，其环境保护的目的早已清楚地表达出来。"不要再任何地方排污""不要在地球上排污"等运动口号可以说就是其环保目的的直接体现。所以有学者直言，"环境正义的终极目标是要平等地改善（进而提升）环境质量，而不是证明一个社会环境不正义现象的有无"。[1]

作为环境正义运动之理论概括形式的环境正义理论被学者归纳为代内正义，包括区域环境正义、城乡环境正义等国内环境正义和国际环境正义。这种环境正义理论的目的正如环境正义运动的目的一样，从表面上看，既有追求环境好处和环境负担的公平分配以保护弱势群体的人身权益和财产权益之目的，也有追求保护环境的目的，但是更准确地说，这种环境正义理论在表面上是追求环境好处与环境负担的公平分配，实质上是要求有效保护弱势群体所在地区的环境，如农村环境、欠发达地区的环境、发展中国家的环境等。例如，主张城乡环境正义的学者一般都强调农村环境污染与破坏的严重性，要加强农村环

---

[1] 黄之栋、黄瑞祺：《环境正义之经济分析的重构：经济典范的盲点及其超克——环境正义面面观之四》，载《鄱阳湖学刊》2011年第1期。

境治理，反对污染向农村转移；[1]主张国际环境正义的学者也大都反对污染物质向发展中国家转移；[2]等等。其实，污染物质向农村、欠发达地区和发展中国家转移这些表面上的环境不正义行为最终危害的不仅仅是农村、欠发达地区和发展中国家的人们，也包括城市、发达地区和发达国家的人们。因为，在地球生态系统整体性的前提下，污染物质具有"飞去来器效应"，[3]转移到农村、欠发达地区和发展中国家的污染物质会随着农产品等返回到城市、发达地区和发达国家。所以，只有有效保护环境，包括农村和城市、发达地区和欠发达地区、发达国家和发展中国家的环境，才能真正实现城乡环境正义、区域环境正义、国际环境正义等代内正义。

如果说代内正义还有保护弱势群体权益的成分，那么，代际正义和种际正义则纯粹是为了保护自然环境。代际正义被学者认为是当代人与尚未出生的未来世代之间的正义问题，当代人对地球环境的污染与破坏实际上侵害了后代人的相关权利。为了保护后代人的权利，我们当代人应当保护好地球环境。这正是布伦特兰《我们共同的未来》报告对可持续发展的定义所体现的内容，即"既满足当代人的需求，又不对后代人满足其需求的能力构成危害的发展"。代际正义在现代环境危机的背景下在世界范围广泛传播，在伦理学、政治学、法学、经济学等领域都有深刻影响，其理论基础及代表人物主要有施拉德·夫

---

[1] 参见晋海：《城乡环境正义的追求与实现》，中国方正出版社2008年版；郭琰：《环境正义与中国农村环境问题》，载《学术论坛》2008年第7期；等等。

[2] 参见曾建平：《环境正义：发展中国家环境伦理问题探究》，山东人民出版社2007年版；David Schlosberg, *Defining Environmental Justice: Theories, Movements and Nature*, Oxford University Press, 2007, pp. 79~99.；等等。

[3] 参见[德]乌尔里希·贝克：《风险社会》，何博闻译，译林出版社2004年版，第39页。

列切特的代际契约理论、爱蒂丝·布朗·魏伊丝的代际公平理论和乔治·赖特的代际共同体理论，这些理论从不同的角度去证明尚未出生的后代人和当代人一样对地球的环境资源享有权利。[1]只有使地球的环境资源得到有效的保护，后代人的所谓的权利才能实现，代际正义才能实现，所以，代际正义就是要通过后代人的权利去实现保护地球环境的目的。

对于保护自然环境而言，种际正义比代际正义更为直接和明确。种际正义直接赋予非人物种以道德主体的地位，强调动物、植物等非人物种在地位上与人是平等的，人类不能够为了自己的利益而对其任意利用。这样，人类就把需要保护的自然环境拟人化，使其能够像人一样拥有并行使权利，从而避免人类的侵害，达到保护自然环境的目的。其实，种际正义是非人类中心主义环境伦理观的一种表现，而非人类中心主义环境伦理观的代表人物及理论主要有：以施韦泽为代表的敬畏生命论，以彼得·辛格和汤姆·雷根为代表的动物解放或动物权利论，以保尔·泰勒为代表的生物中心论以及以利奥波德为代表的大地伦理，以奈斯为代表的深层生态学和以罗尔斯顿为代表的自然价值论。仅从这些非人类中心主义的环境伦理观我们也可以很明显地发现，种际正义的目的就是保护自然环境。

总之，环境正义理论发展到当今，其核心目的逐渐由当初的保护弱势群体的人身权益和财产权益转向了有效保护自然环境，这也正是环境正义得以存在的坚实基础。其实，如果环境正义仅如其诞生时那样，旨在追求穷人和有色人种等少数种群在环境利益与环境负担上和白人、富人实现公平分配，以保护少数种群的人身权益和财产权益，则该种环境正义只是徒有环

---

[1] 参见刘卫先：《后代人权利论批判》，法律出版社2012年版，第24页。

境之名，是在环境问题的背景下产生的人与人之间的利益分配正义，是传统社会正义的一部分。这种正义在实质上与人们所言的教育正义、住房正义等没有区别，都是有关利益的分配问题，并不是什么新型的正义。正如有学者所指出的那样，环境正义就是"由环境因素引发的社会不公正，特别是强势群体和弱势群体在环境保护中权利与义务不对等的议题"[1]。如果现代环境危机背景下的环境正义仅仅是与环境有关的社会正义，则其作为一种独立的正义类型的依据明显不足，其重要性和价值也会大打折扣。环境正义要想成为一种新型的正义，至少应当体现其在现代环境危机背景下的历史使命，把保护环境作为其核心目的，使社会制度和人的行为"合乎自然"，[2]而不是人为地追求利益公平。正因为如此，才有学者明确指出，"环境问题上的代内正义的实质既不是你的正义，也不是我的正义，而是所有生存在这个星球上的所有人的正义"，这种正义的目的就是解决现代环境问题。[3]

二、环境正义理论的困境

产生于环境危机背景下的环境正义作为一种新型的正义应以保护环境、应对和解决现代环境危机为目的，而现有环境正义理论中的代际正义和种际正义正是以保护环境为目的，代内

---

[1] 王韬洋：《"环境正义"——当代环境伦理发展的现实趋势》，载《浙江学刊》2002年第5期。

[2] 蔡守秋先生曾明确指出，"环境正义表示环境资源法应该合乎自然，即合乎自然生态规律、社会经济规律和环境规律"。参见蔡守秋：《环境正义与环境安全——二论环境资源法学的基本理念》，载《河海大学学报（哲学社会科学版）》2005年第2期。

[3] 李培超：《论环境伦理学的"代内正义"的基本意蕴》，载《伦理学研究》2002年第1期。

正义也在兼顾利益公平分配的基础上力图达到保护环境的目的，但是，现有的环境正义理论由于自身的缺陷根本无法实现环境保护这一目的。

笔者在前文已经指出，环境正义是自由主义正义的一种形式，是自由主义正义在现代环境问题背景下的延伸，其追求的是个体的利益、平等、独立、自主等，而这些都可归结为个体的权利。自由主义正义的核心思想就是权利思想，其所追求的正义实质上就是以个体之间的权利平等作为表现形式的利益公平。个体通过主动行使自己的权利达到与其他个体之间的利益公平。当把自由主义正义延伸到环境正义时，环境正义强调的自然就是弱势群体的权利、后代人的权利和非人物种的权利，唯有如此，才能从形式上构成代内正义、代际正义和种际正义。但是，环境正义只看到自由主义正义的权利对抗形式，而没有注意到自由主义正义的运行和实现所暗含的逻辑前提至少有三个：一是权利主体都是精明的利己者；二是权利主体能够主动行使权利；三是权利主体之间的能力相当。只有主体之间在实力上相差不大，才能够有对抗，否则就不可能形成对抗；主体行使权利对抗其他主体必须是出于自己内心真实的意愿而主动行使，否则难以形成真正的对抗；所有的主体都应当是精明的利己者，能够为自己的利益计算，判断自己的最佳利益所在并为自己的利益最大化努力，即典型的"经济人"，唯有如此，主体之间才能有动力去对抗。如果我们把这三个逻辑前提在环境正义理论中展开，则现存的环境正义理论要么是一种理论虚构，要么与环境保护的目的相悖，无法实现环境正义的目的。

第一，代际正义通过赋予尚未出生的未来世代以权利，以实现其与当代人的对抗，进而企图实现当代人和后代人之间在地球环境资源分配上的正义，以达到保护地球环境的目的。但是，在代际正义理论中，后代人是永远不在场的想象主体。我们不仅无法得知这种想象的主体是否与当代人的能力相当，更无法得知他是不是精明的利己者，而且这种想象的主体根本无法主动地行使其权利来对抗当代人。代际正义理论中所有的权利对抗模式都是当代人一手操办的，是为了满足自由主义正义模式的条件而进行的一种杜撰。不仅如此，代际正义理论赖以存在的预设前提至少还有以下两点：把整个人类分割成当代人和后代人两个主体；地球环境是人类的占有控制的财产。但这两个预设前提原本就是伪命题，是不真实的。并且，代际正义理论中用以支持后代人权利的各种理论依据，如代际契约理论、代际平等理论、跨代共同体理论以及相关的立法司法实践等，也都无法合乎逻辑地得出后代人享有权利这一结论。[1]所以，如果说以保护地球环境为目的的代际正义属于新型的环境正义，则其不是真实的环境正义，而是一种理论的虚构，最终不可能实现保护环境的目的。

第二，如果说代际正义还是在人类的范围内虚构塑造正义的类型，则种际正义完全跳出了人类的范围，企图通过人类与非人物种之间的正义实现保护非人物种（也即自然环境）的目的。在自由主义正义的种际正义模型中，非人物种获得了和人一样的权利，以使非人物种避免遭受人类的侵害，否则非人物种就可以"拿起"权利这一武器对抗对其侵犯的人类。尽管我们的直觉早已告诉我们这是一个多么不可信的理论虚构，但种际正义论者还是直接跳过"道德意志"和"道德能力"等作为道德主体的前提条件，仅以某些动物与人一样具有感知苦乐的能力直接赋予其权利，难以说服众人。其一，种际正义违反了

---

[1] 鉴于笔者已有专著对代际正义问题详细论述，在此不再赘述。对代际正义的论述，可参见刘卫先：《后代人权利论批判》，法律出版社2012年版。

"物竞天择,优胜劣汰"的自然规律。现代生物学以及达尔文的进化论早已告诉我们,每一个物种都是自私的,都在与其他物种的相互竞争中尽力维护自己种群的发展、壮大,这是物种生存的"丛林规则",也是自然规律,生态系统中的食物链正是这种自然规律的体现。而非人物种的权利理论正是要打破这种自然规律,使弱者不被强者所灭。这是对自然规律的违反,与环境保护要遵循自然规律这一要求相悖。其二,非人物种根本无法满足自由主义正义的逻辑前提要求,即使我们勉强把非人物种视为精明的利己者,但它们不仅无法主动表达意愿行使权利,而且其能力根本无法与人类相抗衡。尽管个别动物与个别人相比显得能力强大,但就群体乃至物种而言,人类毫无疑问具有压倒性的优势能力。其三,非人物种不是在权利理论的延长线上,权利也不可能扩展到非人物种身上。非人物种的权利不是权利理论繁荣的表现,反而是其终结的象征;非人物种的权利只能是一种学术比附,绝不可能是现实。[1]

此外,按照"等则等之,不等则不等之"的正义原则,自由主义模式的种际正义实际上过分强调了非人物种与人类的相同性,而忽视了其与人类的差异性。正义不仅要求条件相同者应得到相同的对待,而且还要求条件不同者应按照差异的比例加以对待。其实,无论是在人类社会还是在自然界中,差异性原则永远都是首要的原则,正如亚里士多德所言的"得其应得"。如果超过了其应得的比例,违反了差异性原则,就是得其不应得,也就是不正义。差异性正义原则重视效率的重要性,

---

[1] 学者已经对非人物种权利理论进行了较为深入的批判,详细内容请参见徐祥民、孟庆垒、刘爱军:《对自然体权利论的几点质疑》,载《学海》2005年第3期;徐祥民、巩固:《自然体权利:权利的发展抑或终结?》,载《法制与社会发展》2008年第4期;刘卫先:《自然体与后代人权利的虚构性》,载《法制与社会发展》2010年第6期;等等。

有利于激励人们努力奋斗，促进财富的增长和社会的进步。但是，如果违反差异性原则，使得部分人获得了超出其差异比例的财富，则社会剥削和压迫就会产生，进而需要同等原则加以纠正。在自然界中，物竞天择、优胜劣汰、丛林规则、食物链等都是差异原则的体现。也正是由于差异原则的存在，才有效维持了自然生态系统的相对稳定性。时至今日，人类作为一个物种，其对自然资源的开发利用已经严重超出了维持生态系统平衡的差异原则的范围，在某种意义上也需要同等原则加以矫正，但这种矫正是在尊重差异原则的基础上进行的，需要人类的自我约束和控制，而不是赋予非人物种和人一样的权利。正如有学者所指出的那样，"种际正义应当是一种尊重自然内部差异的伦理主张，它强调生物物种之间是有差异的，尤其是人与其他物种之间的巨大差异，并且自然资源应当进行相应的差异性配置，这种差异性配置是维护自然有序发展的前提条件"，过分强调种际同等的正义原则"根本无法解决人类无限欲求支配下的生态失衡问题",[1]或者更准确地说，"正义只是人的正义，动物、自然界是无所谓正义与不正义的"[2]。所谓的代际正义，也只不过是一种人为的虚构。

第三，代内正义是自由主义正义在环境问题背景下的具体应用，展现的是弱势种群与强势种群之间对与环境相关的利益的争夺，不仅无法实现有效保护环境的目的，而且此种利益的公平分配无法实现。

一方面，代内环境正义无法实现有效保护环境的目的。这一点，我们基本上可以从环境正义运动初期的口号——"不要在我们家后院（排污或建垃圾处理场）"——看出。这一口号

---

[1] 易小明：《论种际正义及其生态限度》，载《道德与文明》2009年第5期。
[2] 易小明：《论差异性正义与同一性正义》，载《哲学研究》2006年第8期。

表达了此种环境正义的追求与核心关切。环境正义运动者关心的是自己小区的生活环境，是自己的人身利益和财产利益，而与之有不可分割之密切联系的更大范围的环境则不是他们关心的对象。从这一口号我们可以推知，只要不在穷人和有色人种等少数种群社区排污或建立垃圾处理厂就可以了，至于垃圾处理厂建立在其他什么地方，则不是他们关心的事情。换言之，可以把垃圾处理厂建立在白人和富人社区，也可以把其建立在无人居住的地区，或者使垃圾处理厂公平地分布在白人富人社区和少数种群社区。这样，在垃圾处理方面就不存在少数种群负担过重的现象。穷人和有色人种等少数种群所追求的环境正义就实现了。很明显，这样的环境正义根本不利于环境保护。因为，如果把污染物质在富人社区和穷人社区同等排放的话，或者把污染物质排放在无人居住的地方，表面上虽然达到了环境正义的要求，但是污染物质并没有减少，污染物质给自然环境所造成的压力并没有降低，这些污染物质或者直接给穷人和富人造成同等的损害，或者经过累积、迁移后使更大范围环境的质量恶化，最终使无论是穷人还是富人，也无论是白人还是有色人种，都无法摆脱恶化之环境的普遍打击，新、旧八大公害事件就是这种普遍打击的典型事例。

由于地球生态系统的整体性以及全球经济的高度流通性，污染物质在某种程度上具有贝克所言的"飞去来器效应"，所以，在区际环境正义和国际环境正义中，我们也可以看到与环境正义运动相同的环境保护效果。即使发达国家和地区不把污染物质转移到发展中国家和欠发达地区，而是处置在地球上其他无人居住的地方，则其在某种程度上对地球环境的危害并没有减少，最终也许会造成更大程度更广范围的损害，正因为如此，国际社会才会制定相应的国际条约对公海、南极乃至月球和太空环境加以保护。如果区际环境正义和国际环境正义关注的焦点是有限资源在不同区域之间的公平分配问题，则该种环境正义会直接导致发达地区和欠发达地区竞相争夺有限的自然资源，直到资源枯竭。其实，现代环境危机在某种意义上就是人类自工业革命以来在强大科技能力的帮助下肆无忌惮地对自然资源进行掠夺性开发利用的结果。部分国家之间甚至为了争夺资源不惜以武力相向，这大大加重了自然环境的负荷并损害了自然环境。

所以，环境正义运动开始所追求的"不要在我家后院"排污与其后来所追求的"不要在所有人后院"排污对环境危害的后果是相同的，污染物质一旦产生，无论排放在谁家"后院"或者不在任何人"后院"排放，其总量并没有减少，其对地球环境的损害并没有减少。正如南极企鹅身体内含有DDT、氟化物的使用造成臭氧空洞、温室气体的排放造成地球表面气温的升高等，无论DDT、氟化物、温室气体在何处使用和排放，最终的环境危害后果都是相同的。地球环境的恶化与损害最终会危害所有人的人身与财产安全，使环境正义运动所追求的保护弱势群体的人身利益和财产利益目的最终落空。也许环境正义运动认识到这种最后结果并最终提出"不要在地球上"排污的口号，但这个口号也仅仅是一个口号而已，无法变成现实。因为，人类只要生存，就必须在地球上进行生产、加工、消费等活动，就必然会产生垃圾和污染物质，而这些物质只能排放在地球上。如果不要在地球上排放污染物质，则意味着人类的活动要达到零排放、零污染的水平，这也许是人类发展所追求的美好愿景，但至少在可以预见的时期内还看不到这种愿景变成现实的可能性。

其实，代内环境正义作为自由主义正义理论的一种应用，也是建立在弱势群体与强势群体相对抗的模式上的，这种对抗建立在权利的基础上，强调弱势群体要与强势群体享有相同的权利。为了使弱势群体在环境好处的分享和环境负担的分担中更有效地对抗强势群体，唯一正确的道路就是增强弱势群体自身的对抗能力，如确认弱势群体的权利、从程序上保障弱势群体进行有效的对抗等，所以，美国联邦政府的 12898 号行政命令以及辛辛那提市《环境正义条例》都强调保障弱势群体参与相关环境决策，也正因为如此，部分学者才认为环境正义包括"承认正义""分配正义"和"参与正义"或"制度正义"[1]。承认正义就是承认弱势群体的权利，参与正义或制度正义就是从制度上确认和保障弱势群体能够有效参与以及其他权利的有效行使，而分配正义实际上就是我们所说的环境正义，即环境好处与环境负担的公平分配。但这些正义其实都可归于分配正义（即环境正义），所谓的承认正义、参与正义或制度正义并不是独立的正义类型，而是为分配正义服务的，为了增强分配正义中弱势一方的能力，以有效对抗强势的另一方。无论是确认弱势群体的相应权利，还是强调弱势群体的有效参与，以及采用法制化的手段确保这些权利能够得以实现，都是为了增强弱势群体在环境好处分享与环境负担的分担中对抗强势群体的能力，避免强势群体把环境好处归为己有而把环境负担强加在弱势群体身上，以实现环境正义。

很明显，这种弱势群体与强势群体的对抗模式不可能有效保护环境。在这种对抗模式中，只要能够保障强势群体不侵害弱势群体的权利，则该种正义即视为实现。但这种正义的实现

---

[1] 参见 David Schlosberg, *Defining Environmental Justice: Theories, Movements and Nature*, Oxford University Press, 2007. pp. 3~45.；朱力、龙永红：《中国环境正义问题的凸显与调控》，载《南京大学学报（哲学·人文科学·社会科学）》2012 年第 1 期；等等。

并不意味环境得到了有效保护。正如笔者在上文的论述，强势群体把大量的污染物质直接排放到暂时无人居住的地方，虽然不会直接侵害弱势群体的相关权利，实现了环境正义，但自然环境不仅没有得到有效保护，反而遭受到严重损害。并且，自然环境的生态整体性决定了对其保护不可能是生存于其中的人们相互对抗所能解决的问题，而应是人们相互合作共同努力的结果。无论是环境"救生艇"的比喻，还是环境公共物品以及"公地悲剧"理论，都告诉人们，以权利为基础的对抗无法有效保护环境，最终导致所有人同归于尽，只有大家团结一致，共同努力，才能克服困难，渡过危难，共同受益。正因为如此，斯德哥尔摩《人类环境宣言》的原则24才明确规定："有关保护和改善环境的国际问题应当由所有的国家，不论其大小，在平等的基础上本着合作精神来加以处理，必须通过多边或双边的安排或其他合适途径的合作，在正当地考虑所有国家的主权和利益的情况下，防止、消灭或减少和有效地控制各方面的行动所造成的对环境的有害影响。"也正如有学者所指出的那样，"从污染流通的普遍性和超国家性的观点来看，巴伐利亚森林中一片草叶的生命，最终将依赖于国际性生态协议的达成和遵守来维持"。[1]

另一方面，由于代内环境正义无法实现有效保护环境的目的，导致其最终无法使弱势群体幸免于环境损害的危害。"覆巢之下，焉有完卵？"整个环境都恶化了，生存于其中的穷人和有色人种等少数种群当然也逃脱不了因环境恶化而遭受的损害。正如20世纪发生的洛杉矶光化学烟雾污染事件、日本水俣病事件等情况一样。洛杉矶的居民，无论其种族、肤色、财富的多

---

[1] [德] 乌尔里希·贝克：《风险社会》，何博闻译，译林出版社2004年版，第21页。

寡等有多大差别，都笼罩在光化学烟雾之下遭受同样的损害；只要是吃了含汞的鱼、虾、贝等水产品，无论其是富人还是穷人，都无法躲避汞污染的侵害。

环境正义不仅目的达不到，而且其要克服的环境非正义在某种意义上也是一种人为的建构，而非客观事实。环境正义运动之所以发生，原因之一就是穷人和有色人种等弱势群体承担了过重的环境负担，也即环境不正义现象的存在，正如环境正义主义者在环境正义运动初期通过调查所揭示的那样。但是，随着环境正义的发展，进一步的研究证明，所谓的环境非正义并不存在，至少是不能确定的。

第一，在环境正义运动早期，由美国国家统计局和美国联合基督教会所组成的种族正义委员会采用"邮递区号标定法"调查发现有毒废弃物处理场与少数种群之间存在统计学上的相关性，但是，如果改变地理分析单位，使其由原来的"邮政区号"区域改为"人口普查小区"，则发现原来所确认的有毒废弃物处理场与少数种群之间的统计学上的相关性立即消失了。[1] 也就是说，采用不同的方法，用不同的空间分析单位去分析同样的数据，所得出的结论完全相反，从而在一定程度上动摇了人们对环境非正义现象的坚定信心。此外，正如笔者在前文的论述，有学者通过对底特律城市商业垃圾处理场周边居民情况的调查发现，靠近垃圾处理场的地区少数种群占人口的绝大部分，存在一定的环境非正义现象。但是，如果把调查的对象扩展到底特律三个县的所有居民或者把调查对象仅限于农村居民，这种环境非正义现象就立即消失了。例如：通过对底特律三个县所有居民的调查统计发现，居住在距离商业有毒废弃物处理

---

[1] 参见黄之栋、黄瑞祺：《环境正义论争：一种科学史的视角——环境正义面面观之一》，载《鄱阳湖学刊》2010年第4期。

场1英里内的人当中，白人高达52%，少数种族仅占48%，其中贫困线以上的人高达71%，贫困线以下的人仅占29%；居住在距离商业有毒废弃物处理场1英里以外1.5英里以内的人当中，白人高达61%，少数种族仅占39%，其中贫困线以上的人高达82%，贫困线以下的人仅占18%；居住在距离商业有毒废弃物处理场1.5英里以外的人当中，白人占82%，少数种族占18%，其中贫困线以上的人占90%，贫困线以下的人占10%。在农村地区，居住在距离商业有毒废弃物处理场1英里内的人当中，白人高达82%，少数种族仅占18%，其中贫困线以上的人高达89%，贫困线以下的人仅占11%；居住在距离商业有毒废弃物处理场1英里以外1.5英里以内的人当中，白人高达88%，少数种族仅占12%，其中贫困线以上的人高达80%，贫困线以下的人仅占20%；居住在距离商业有毒废弃物处理场1.5英里以外的人当中，白人占93%，少数种族占7%，其中贫困线以上的人占95%，贫困线以下的人占5%。[1]所以，无论是从底特律三个县的所有居民的情况看还是从农村居民的居住情况看，在居住于商业性有毒废弃物处理场附近的人当中，白人和贫困线以上的人都远远多于少数种族和贫困线以下的人，而环境正义者所言的环境非正义现象并不存在。

第二，早期调查所揭示的环境非正义现象只是一种静态的考察，即使不从地理区域上改变调查对象，而是从动态的视角对其加以考察，该种环境非正义现象也无不正义可言。研究者发现，虽然在有些城市商业性垃圾处理场周围生活的人中大多数是少数种族和穷人，但这并不意味着白人和富人对他们存在故意的歧视。如果从历史的角度来看，许多城市商业性垃圾处

---

[1] See Paul Mohai and Bunyan Bryant, "Demographic Studies Reveal a Pattern of Environmental Injustice", *Environmental Justice* (C), Greenhaven Press, 1995, p. 19.

理场刚建立的时候并不是处在少数种族和穷人社区附近，并不存在所谓的环境不正义，但是随着时间的推移，白人和富人逐渐从垃圾处理场附近的社区迁出，穷人和少数种族逐渐迁入，进而造成了现在的所谓环境不正义现状。这种现状的存在是人们自愿选择的结果，并不存在强迫、歧视等因素，自然也就不存在正义与不正义的问题了。也就是说，垃圾处理场在选址过程中不存在种族因素和歧视因素，即不存在环境不正义，而垃圾处理场建成后少数种族与穷人的自愿迁入才造成了这种少数种族和穷人承担过重的环境负担的现象。这一研究的典型代表就是纽约大学法学院的教授苯（Vicki Been）。苯认为，这种所谓的环境不正义现象是自由市场的必然结果，而不是歧视所造成的。[1]当垃圾处理场建成运营后，有钱人纷纷从其周边社区迁出，造成房价下跌，进而吸引穷人大量迁入。如果政府强制把垃圾处理场搬迁，则会使周围的房价上升，一方面使穷人住在他们住不起的地方，进而就使大量的穷人租不起房子而被迫搬迁，另一方面也会使部分穷人人为地受益，有失公正。市场机制的力量自然会把穷人和少数种族吸引到垃圾处理场的周围。如果把这种现象称为环境不正义，则环境不正义在一定程度上就是不可避免的。有研究者把这种自愿入住到垃圾处理场周围的现象称为"逐臭现象"，而大部分黑人等少数种族在美国都属于低收入阶层，进而使"逐臭现象"在表面上与种族联系起来。研究者另外把穷人因政府强制搬迁垃圾处理场导致房价上涨而被迫迁到其他更便宜的地方居住的现象称为"环境绅士化"。[2]如果说

---

[1] See Vicki Been, "Market Forces, Not Racist Practices, May Affect the Siting of Locally Undesirable Land Uses", *Environmental Justice* (C), Greenhaven Press, 1995, pp. 38~59.

[2] 参见黄之栋、黄瑞祺：《光说不正义是不够的：环境正义的政治经济分析——环境正义面面观之三》，载《鄱阳湖学刊》2010年第6期。

"逐臭现象"是一种自愿，出于居民对自己利益的衡量，则"环境绅士化"就是一种好心办坏事，违反了穷人的意愿，是家长制作风造成的对穷人的非故意排挤，造成不正义的实际后果。

从国际上看，由于发达国家和发展中国家所处的发展阶段不同，发达国家的垃圾等废弃物在某种程度上就是发展中国家的原材料，也就是说，发展中国家把发达国家的垃圾进口到国内符合本国的利益，是自愿的，不存在环境正义与不正义的问题。相反，如果强行阻止发达国家向发展中国家出口垃圾，在一定程度上就是对发展中国家的损害，会造成好心办坏事的不正义后果。正如世界银行前副行长苏莫（Lawrence Summers）所言："我认为倾倒废弃物到最低收入国家背后的经济逻辑并没有任何错误。"[1]其实，在我国也发生过这种好心办坏事的非意图性不正义后果。据学者的调研发现，在我国西部贫困地区，政府为了保护环境强制关闭村里的高污染企业，广大村民不仅不支持，反而站在污染企业一边，共同抗议政府的行为。[2]在这里，污染实际上代表了村民的利益，遭受污染是村民的一种"自愿"，很难用正义与不正义来衡量。

所以，如果把人们出于自身利益的考虑而自愿居住在垃圾处理场周围的现象称为环境不正义的话，则该种环境不正义在市场经济环境下也许根本无法消除，与之相应的所谓的环境正义根本无法实现。

第三，早期揭示的环境不正义现象只是基于对单一污染要素的认识，如果考虑到环境风险的综合性，则所谓的环境不正义就难以确定。在环境正义运动早期，研究者对环境正义的证

---

[1] 参见黄之栋、黄瑞祺：《光说不正义是不够的：环境正义的政治经济分析——环境正义面面观之三》，载《鄱阳湖学刊》2010年第6期。

[2] 参见熊易寒：《市场"脱嵌"与环境冲突》，载《读书》2007年第9期。

明都是揭示环境不正义现象的存在,并且对这种环境不正义现象的揭示和证明是建立在对单一污染要素调查上的,主要是有毒有害垃圾处理场。针对有毒有害垃圾处理场这一污染要素的环境风险对周围居民健康的影响进行调查分析,进而得出环境不正义的结论。但是,现实生活中某一环境风险要素往往不是单一存在的,而是和其他环境风险要素同时存在,也许少数种族社区正在遭受某种环境风险要素的威胁,而富人社区正在遭受另一种或几种环境风险要素的威胁。正如有学者明确指出的那样,"某一种风险因素在不同种族社区之间的分配可以被其他风险因素在这些种族社区之间的不同分配所抵消"。[1]少数种族社区也许确实遭受到有害垃圾处理场的威胁,但富人社区也许正在遭受更多更强的辐射威胁。并且,如果我们把注意力集中在食品添加剂、果蔬上的农药残留、遭受污染的初级农产品、汽车尾气等风险因素上的话,无论是少数种族社区还是富人社区,都会遭受同样的威胁。这种威胁即使有差别,也与财富的多寡、皮肤的颜色不具有关联性,而是与个人的生活习惯相关。现实中的实际情况绝对有可能是,其他风险因素对少数种族身心健康的威胁远远大于垃圾处理场对他们身心健康的威胁。从这个意义上讲,针对垃圾处理场的环境不正义问题实际上是被人为建构和放大化处理的问题。有学者通过考察分析2种风险因素对15个社区的影响和1种风险因素对该15个社区的影响后得出,"这些社区的环境负担情况"在"综合考虑多种风险因素"与"只考虑一种风险因素"的情况下"明显不同"。[2]

---

[1] Edwardo Lao Rhodes, *Environmental Justice in America: A New Paradigm*, Indiana University Press, 2003, p. 140.

[2] Edwardo Lao Rhodes, *Environmental Justice in America: A New Paradigm*, Indiana University Press, 2003, pp. 146~151.

第四，究竟什么样的分配才算公平？环境正义追求穷人和富人之间在环境负担的分担分配上的公平，但是，现实中根本无法确定什么样的分担才算是真正的公平。根据"等则等之，不等则不等之"的正义原则，也即正义的同一性和差异性原则，如果根据穷人和富人都是与其他动物具有明显区别的人，是人类的一分子，他们都平等地享有基本的人权，则环境负担应当在穷人和富人之间平等地分配才算是公平。但是，这样一来，就掩盖和忽视了穷人和富人之间存在的差异，实际上违反了"不等则不等之"的差异性原则，在某种意义上造成对富人的"歧视"，也在一定程度上助长了穷人对环境的漠不关心，同时也打消了富人关心环境的积极性。如果仅仅注意到穷人和富人之间在能力、教育、社会地位等方面的差异性，环境负担就应当在穷人和富人之间进行有差异的分配，但这样也至少导致两个方面的问题：一方面，是穷人应当多承担环境负担还是富人应当多承担环境负担呢？如果说穷人财富较少，社会经济地位较低，在现代市场规律的作用下，理应承担更多的环境负担。但是让富人承担更多的环境负担似乎也有道理，因为富人比穷人更有能力承担环境负担。究竟是穷人还是富人应当承担更多的环境负担，难以确定。另一方面，有差异的环境负担分配如果使承担过重环境负担的人们的基本人权遭到侵害，则也违背了在人权方面"等则等之"的原则，不符合现代的人权保护思想。

总之，现存的代内环境正义理论建立在人为建构的环境非正义现象之上，不仅自身困境重重，而且无法实现有效保护环境的目的。代际正义和种际正义都是一种理论的虚构，不仅自身无法变成现实，而且它们所追求的环境保护目的更是无法实现。环境正义理论要想发展，成为一种独立的正义理论，必须在代内的范围内，寻求实现保护环境的有效正义途径。

第三章
环境正义不是环境利益的公平分配

早期环境正义运动的直接诱因就是环境负担在不同种族和收入的群体之间的分配不均,因此,在环境正义运动基础上发展起来的环境正义理论是指对环境利益和环境负担的分配正义。环境正义的观点明确认为:"无论是污染的负担,还是环境保护的利益,都没有在我们的社会中得到平等的分配。……谁为当代经济增长、工业发展和环境保护的政策付费,而谁又从中受益,这一问题是环境正义的核心问题。"[1]"环境正义分配的对象应该包括环境善物和环境恶物(以及作为其影响的环境利益和环境负担)两部分,即指那些可以被积极或消极地评价的任何环境特征。"[2]我国学者对环境正义理论的研究大多是在这种共识的基础上进行的。[3]但是,环境利益能否被分配?环境利

---

[1] Edward B, "With Liberty and Environmental Justice for All: the Emergence and Challenge of Grassroots Environmentalism in the United States", in Taylor B, *Ecological Resistance Movements*, SUNY Press, 1995, p.36,转引自梁剑琴:《环境正义的法律表达》,科学出版社 2011 年版,第 124 页。

[2] Dobson A, *Justice and Environment: Conceptions of Environmental Sustainable and Theories of Distributive Justice*, Oxford University Press, 1998, p.74,转引自梁剑琴:《环境正义的法律表达》,科学出版社 2011 年版,第 125 页。

[3] 参见马晶:《环境正义的法哲学研究》,吉林大学 2005 年博士学位论文,第 58~71 页;梁剑琴:《环境正义的法律表达》,科学出版社 2011 年版,第 125~153 页;等等。

益与环境负担的公平分配能否实现有效保护环境的目的？笔者在第二章已经指出，"不要在我家后院"排污、"不要在所有人的后院"排污等表现出来的环境负担的公平分配已是困境重生，根本无法实现有效保护环境的目的，此种环境正义只是徒有环境之名，是在环境问题背景下产生的与环境有关的社会正义问题，而不是一种独立的正义类型。在本章中，笔者拟回答环境利益的分配与环境正义之间的关系问题。

一、环境利益的论争

在传统的法学理论中，利益被视为法律的基础。法律通过调控人们的行为实现保护与调整利益的目标。环境利益作为环境法的利益基础，是环境法所要保护的利益。在某种意义上，对环境利益本质的认识直接决定着环境法的本质及其制度构建。尽管如此，环境利益并没有受到环境法学者应有的重视。这在一定程度上也延缓了年轻的环境法学走向成熟的步伐。国内外环境法学者在开始时并不关注环境利益，不对环境利益专门加以解释和澄清，似乎是在约定俗成的基础上把环境利益作为一个无需解释的概念加以使用。但是，随着环境法学理论研究的逐渐深入，环境利益的问题逐渐凸显出来，成为完善环境法学理论所无法绕开和回避的问题，也是成熟的环境法学所必需面对和解决的问题。我国环境法学者对环境利益的关注也在从自发走向自觉。综观现有的研究成果，我们不难发现，国内外学者对环境利益的研究尚处于开始阶段，对环境利益及其性质界定、环境利益的法律保护路径等问题都没有形成共识。

国内外学者对环境利益的使用及其探讨涉及环境伦理学、环境法学、环境政治学、政治经济学、经济学等学科领域。不同学科领域对环境利益的理解和界定存在差异在某种意义上具有一定的必然性，因为不同学科领域对同一事物关注的侧重点不同，例如经济学领域关注的是事物的经济价值，[1]而政治学领域关注的是事物的政治意义。但是，在环境法学领域中，环境利益也具有不同的含义。

在笔者所查阅的国外法学文献中，有的学者使用"环境利益"（environmental interests），有的学者使用"生态利益"（ecological interests），但是，几乎所有的学者都没有对这两种字面上不同的利益加以详细解读和明确区分。从相关文献的内容看，学者们尽管对环境利益不做任何说明和解释，但都是在"整体性环境"意义上使用环境利益的。[2]但是，学者对生态利益的使用具有多个不同的含义。有学者对生态利益的使用类似于环境利益，即指良好的环境；[3]有学者指生态利益为"非

---

[1] 如政治经济学领域中有学者认为环境利益是经济系统中的一个利益变量，环境利益所涉及的自然是"人化自然"，人类经济利益无法涉及的遥远的天体以及人类无法观察和控制的基本粒子的自然界成分不涉及环境利益问题。（参见严法善、刘会齐：《社会主义市场经济的环境利益》，载《复旦学报（社会科学版）》2008年第3期。）该观点明显不符合现代生态经济学所揭示的客观事实，即经济系统只是地球生态系统的一个开放子系统，后者包含前者，而不是相反。并且该观点已经超出法学领域，不是本书考察的重点。

[2] See Maura Mullen de Bolivor, "a Comparison of Protecting the Environmental Interests of Latin-American Indigenous Communities from Transnational Corporations under International Human Rights and Environmental Law", *Journal of Transnational Law & Policy*, Fall, 1998; Caroline Milne, "Winter V. Natural Resources Defense Council: The United States Supreme Court Tips the Balance Against Environmental Interests in the Name of National Security", *Tulane Environmental Law Journal*, Winter, 2009; Suriya E. P. Jayanti, "Recognizing Global Environmental Interests: A Draft Universal Standing Treaty for Environmental Degradation", *Georgetown International Law Review*, Fall, 2009. ect.

[3] See Joseph W. Dellapenna, "Changing State Water Allocation Laws to Protect the Great Lakes", *Indiana International & Comparative Law Review*, 2014.

第三章　环境正义不是环境利益的公平分配

人的生态的利益";[1]还有学者在兼具上述两种意义上使用生态利益[2]。

国内环境法学者也在不同的意义上使用环境利益和生态利益。尽管有部分学者把生态利益作为环境利益的一部分,但在大多数文献中,环境利益和生态利益是可以替换使用的。概括起来,国内环境法学者对环境利益的理解主要有以下几种观点:

观点一:环境说或环境品质说。与国外学者一样,国内很多学者都是在没有对环境利益进行明确解释的情况下使用"环境利益"一词,但根据相关文献的内容,我们不难发现这种情形下的环境利益一般都可以等同于环境。[3]也有学者对环境利益做出明确的解释,认为环境利益所指代的环境是没有发生恶化的"原环境",实质上是一定的"环境品质"。[4]

观点二:非人利益说。该观点主要为一些主张自然体权利论者所持有,认为环境利益是与人的利益相对应的非人的环境的利益,环境本身就是利益的主体。[5]该学说可以在环境伦理学领域找到一定的归属感。部分环境论理学者用生态利益取代环境利益,认为大自然即为生态系统,生态利益就是生物的利

---

[1] See Anna Di Robilant, "Property and Democratic Deliberation: the Numerus Clausus Principle and Democratic Experimentalism in Property Law", *American Journal of Comparative Law*, Spring, 2014.

[2] see Marks v. Whitney, 491 P. 2d 374 (Cal. 1971)

[3] 参见蔡守秋:《调整论——对主流法理学的反思与补充》,高等教育出版社 2003 年版,第 10 页、第 21 页;金福海:《论环境利益"双轨"保护制度》,载《法制与社会发展》2002 年第 4 期;袁红辉、吕昭河:《中国环境利益的现状与成因阐释》,载《云南民族大学学报(哲学社会科学版)》2014 年第 5 期;等等。

[4] 参见徐祥民、朱雯:《环境利益的本质特征》,载《法学论坛》2014 年第 6 期。

[5] 参见蔡守秋:《调整论——对主流法理学的反思与补充》,高等教育出版社 2003 年版,第 257 页。

益，是满足生物生存所需要的各种条件。[1]

观点三：生物人及其群体的环境需要满足说。该观点认为环境利益即为环境对生物人及其群体的环境需要的满足，从而把法律拟制的人和人身需要、财产需要排除在外；环境利益的客观基础为人类环境；环境利益的主体为个人、群体和整个人类；环境利益的内容可以根据不同的标准分为环境私益与环境公益、物质性环境利益与精神性环境利益。[2]

观点四：人的生态需求满足说。该观点认为环境利益为环境要素按照一定的规律构成的环境系统所具有的生态功能对人的生态需要的满足，环境的生态功能是环境利益的客观基础；环境利益是人类与身具有的利益，同时具有公益性和私益性。[3]

观点五：环境区分利益说。该观点认为环境利益是人对环境的需要并且能为人类需要满足的利益表达，包括自然禀赋的环境利益和人为创造的环境利益，其本质是环境区分利益，即优势地区、优势群体与劣势地区、劣势群体之间在环境资源分配上的不公平。[4]

观点六：人格利益说。该观点认为人享有适宜的生存环境体现人作为主体的尊严，其享有自身的生存环境不被他人破坏的权利，即环境利益是环境人格的内容，应通过环境人格权加以保护。[5]

---

[1] 参见叶平：《生态权力观和生态利益观探讨》，载《哲学动态》1995年第3期。
[2] 参见王春磊：《法律视野下环境利益的澄清及界定》，载《中州学刊》2013年第4期。
[3] 参见何佩佩、邹雄：《环境法的本位与环境保障利益研究》，载《福建论坛（人文社会科学版）》2015年第3期；何佩佩、邹雄：《论生态文明视野下环境利益的法律保障》，载《南京师大学报（社会科学版）》2015年第2期。
[4] 参见杜健勋：《环境利益：一个规范性的法律解释》，载《中国人口·资源与环境》2013年第2期。
[5] 参见刘长兴：《环境利益的人格权法保护》，载《法学》2003年第9期。

观点七：狭义生态利益加资源利益说。该观点认为环境法上的环境利益分为环境生态利益和环境资源利益两类，简称生态利益和资源利益。其中，生态利益指自然生态系统对人类的生产、生活和环境条件产生的非物质性的有益影响和有利效果，大致可以对应生态经济学中所谓生态系统服务功能，最终体现为满足人们对良好环境质量需求的精神利益；资源利益是人们在开发利用环境要素和自然资源过程中所获得的物质性的有益影响和效果，经济学中对应的概念是环境公共产品，最终体现为满足人们发展需要的经济利益。[1]

观点八：狭义生态利益加生活环境利益说。该观点认为环境利益由生活环境利益和狭义的生态利益构成，其依据是环境可以分为生活环境和生态环境。生态利益是指生态系统对人类非物质性需求的满足的利益。[2]

观点九：全面利益说。该观点认为环境利益就是人类从自然环境中获得的所有的利益。如环境利益是指人类从生态系统自动获得的维持生命延续的效用和人类能动地利用自然环境所形成的各种收益，由初始利益、原生利益、次生利益、再生利益和共生利益所构成，具有多元复合的属性；[3]生态利益是全体社会成员在生态环境中获取的维持生存和发展的各种益处，由经济价值和生态功能两种利益形态构成[4]。

---

[1] 参见史玉成：《生态利益衡平：原理、进路与展开》，载《政法论坛》2014年第2期。

[2] 参见邓禾、韩卫平：《法学利益谱系中生态利益的识别与定位》，载《法学评论》2013年第5期。

[3] 参见张志辽：《环境利益公平分享的基本理论》，载《社会科学家》2010年第5期。

[4] 参见黄锡生、任洪涛：《生态利益公平分享的法律制度探析》，载《内蒙古社会科学（汉文版）》2013年第4期。

这些环境利益理论虽然都体现了论者从各自的视角出发对环境利益的理解，在某种程度上都具有一定的合理性与真实性，但如果仔细研读和分析这些环境利益观点，除了环境品质说之外，其他观点都存在一些不足。例如，环境说只是一种直觉，并没有详细说明与解释，也没有表明什么样的环境才是环境利益。非人利益说打破了人与其他生物之间的主体界限，不仅颠覆了正常的法律制度基础，而且无法证实。生物人及其群体的环境需要满足说一方面把人身需要和财产需要排除在外，另一方面又把环境利益分为物质性利益和精神性利益，难道物质性利益不是满足财产需要？难道精神利益不是一种人身需要？该说存在明显的前后不一致。人的生态需求满足说虽然指出环境利益是生态功能对人的生态需要的满足，但到底什么是人的生态需要，人们的健康和财产安全是不是人的生态需要？这让人无法确定究竟什么是环境利益。环境区分利益说也无法告诉我们环境利益是什么。人格利益说既然认为环境利益是人格利益的一种，与主体的人格不可分割，照此逻辑，财产利益也应该是主体的人格利益，这在现有的法律体系中显然不合适。生态利益加资源利益说实际上无法区分生态利益和资源利益，如环境容量属于生态利益还是资源利益？生物多样性属于生态利益还是资源利益？等等。生态利益加生活环境利益说最大的弊端也是无法明确区分生态利益和生活环境利益，难道由臭氧层空洞的扩大而导致的紫外线增多和我们的生活环境无关？难道草原的退化和牧民的生活环境无关？全面利益说看似全面，无所不包，但正因为它的无所不包，人们也很难认识和把握它。这样无所不包的环境利益无法和人们的财产利益、人身利益明确区分开来，不利于环境法律制度的完善。

综观学者们对环境利益的各种理解和认识，我们不难发现，不同观点之间存在争议的直接原因在于：其一，对环境与生态的理解有差异。有学者对环境和生态不加区分，有学者对二者严加区分；有学者认为它们可以为主体，有学者拒绝之。其二，对利益的认识角度有差异。有学者从利益的客体上认识利益，有学者从利益的内容上认识利益，有学者从主体与客体的关系上认识利益。其三，对环境利益本质与特征的认识存在差异。有学者认为环境利益可以分配，有学者认为环境利益不可分配；有学者认为环境利益是公益性的，有学者认为环境利益既具有公益性又具有私益性。

面对众说纷纭的环境利益，应当如何认识和理解它才能更符合环境法的本质，进而更有利于环境法的发展与完善，是需要我们进一步解决的问题。

二、环境利益的识别

要想准确把握环境法学中的环境利益，我们必须从环境利益的字面意义入手，了解环境利益的可能含义。从字面上看，环境利益是由"环境"与"利益"合成。因此，只有分别弄清环境与利益的字面含义，我们才能了解环境利益的字面含义。

从字面上看，"利"是会意字，从刀从禾，意指以刀断禾，表示刀口快、好处、收获、与愿望相符合等含义。"益"也是会意字，从水从皿，意指水从器皿中漫出，古文通"溢"，表示好处、增加、更加等意思。所以，把"利"与"益"合在一起组成的"利益"，作为名词，其含义仍为"好处"。其实这里的"好处"暗含着一种关系，是一种关系性存在，即是某物相对于另一物或其他物而言的"好处"。如果仅仅是某物相对于其自身而言，无所谓什么好处。"好处"所暗含的这种"关系"在现代主客二元论的话语体系中实际上就是指主体与客体之间的关系，是客体相对于主体而言对主体的好处，这也体现了"利"字所具有的"与愿望相符合"之意。所以，在现代法律体系中，利益既可以指客体意义上的好处，也可以指关系意义上的客体对主体需要的满足。由于主体的需要不同，如经济需要、身体需要、精神需要等，导致同一客体在满足主体的不同需要时体现为内容不同的利益。而且，不同内容的利益又可能具有不同的性质。因此，在现实中，为了明确利益的主体、客体或者内容，甚至是性质，人们常常在利益前面加上一个限定词，如个体利益与集体利益、人身利益与财产利益等。但是，用"环境"一词来限定利益而组成的环境利益并没有给人们带来明确的利益指向。在"环境利益"这一表达中，环境究竟是利益的主体还是利益的客体和内容？对此问题的回答，在一定程度上有赖于我们对"环境"的理解和把握。

环境，无论是从中文还是从英文的字面意义来看，都是指围绕某一中心的周围情况。所以，从字面意义上讲，环境的外延既随着"中心"的不同而变化，也随着"周围"范围的大小而变化。在现代不同学科高度专业化分工的背景下，不同学科所关注的对象以及所要解决的问题也具有差异性，进而导致"环境"一词在不同学科中所指代的对象也不尽相同。例如，教育学关注的是教育环境，是对教育有影响的周围情况；经济学关注的是经济环境，是对经济有影响的周围情况；生态学关注的是生物的生存环境，是对生物的生存有影响的周围情况；环境科学关注的是人类环境，是对人类有影响的周围情况；等等。因此，对"环境"外延的确定必须与具体的学科背景联系起来。由于本书探讨的是环境法学中的环境利益，那么，我们对环境的探讨自然也应该限定在环境法学的范围内。

环境法学以环境法为研究对象，为环境法的各项规定提供理论支持与解说。因此,环境法学所关注的"环境"首先就是各种规范性环境法律文件中所指称的环境。

规范性国际环境法律文件很少对"环境"加以界定。人们较为熟悉的《人类环境宣言》和《里约环境与发展宣言》(简称《里约宣言》)都是如此。《人类环境宣言》尽管明确指出这里的环境是"人类环境"以及人类环境包括"天然的"和"人为的"两个方面,但"天然的"和"人为的"人类环境具体指什么,宣言本身并没有明确说明。《里约宣言》也没有明确界定"环境",而是指出其以《人类环境宣言》为基础,并在文本中多次使用"全球环境""地球环境""大自然""地球生态系统"等用语。与《人类环境宣言》和《里约宣言》不同,《阿拉伯联盟环境与发展宣言》(以下简称《阿拉伯环境宣言》)对"环境"作出了明确界定,该宣言第1条规定:"环境是指环绕人周围的一切。自然环境由水、空气、土地及土地中所含的所有物质组成……人造环境指房屋、工作场所、道路和所有……我们建立的旨在方便生活及其方式的东西。"[1]很明显,《阿拉伯环境宣言》对"环境"的规定比《人类环境宣言》和《里约宣言》更具体、更明确。并且,我们也能够从文本中看出《阿拉伯环境宣言》中的"环境"所包含的"房屋、工作场所、道路"似乎不属于《人类环境宣言》和《里约宣言》所关注的环境。

在各国的环境法中,较早制定的《美国国家环境政策法》并没有明确规定什么是环境,而是在相关条款中指出"环境质量报告"应当列明"国家各类主要的自然的、人为的或改造的环境的状况和情况,包括但不限于大气、水(包括海洋、河口

---

[1] 徐祥民主编:《环境与资源保护法学》,科学出版社2008年版,第4页。

和淡水）和陆地环境（包括但不限于森林、干地、湿地、城市、郊区和乡村环境）"[1]。在明确规定何为"环境"的各国环境法中，有关环境的界定及其外延也各不相同。有些国家的环境法对环境的界定强调了"以人为中心"，如《中华人民共和国环境保护法》（以下简称《环境保护法》）；[2]有些国家的环境法对环境的界定并没有明确指出"以人为中心"，如埃及的《环境法》[3]。有些国家的环境法对环境的界定强调的是环境的自然要素，如我国的《环境保护法》；有些国家的环境法对环境的界定不仅强调环境的自然要素，还强调环境的社会文化要素，如津巴布韦的《环境管理法》；[4]还有些国家的环境法强调环境的自然要素和生态系统，如加拿大的《环境法》[5]。不仅各国环境法对环境界定的视角不一致，即使是采取同一视角对环境进行界定的环境法，其对"环境"定义也不一致。[6]

---

[1] Section 201 of Title Ⅱ of The National Environmental Policy Act of 1969.

[2] 《环境保护法》第2条规定："本法所称环境，是指影响人类生存和发展的各种天然的和经过人工改造的自然因素的总体，包括大气、水、海洋、土地、矿藏、森林、草原、湿地、野生生物、自然遗迹、人文遗迹、自然保护区、风景名胜区、城市和乡村等。"

[3] 埃及1994年《环境法》第1条规定："环境是生命有机体和它包含的物质所在的生物圈以及围绕它的空气、水、土壤和人造构筑物。"

[4] 津巴布韦2005年《环境管理法》第2条将"环境"定义为："A，自然的或者人造的物质资源，包括生物的和非生物的，存在于岩石圈、大气层、水、土壤、矿物质和有生命的动物体之中，它们或土生土长，或来自外域，甚至可以是本地物质与外域物质结合之后的产物。B，由自然的或者人们和社区建立或改造而成的生态系统、栖息地、空间环境和其他组成部分，包括城市地区、农业地区、乡村景观以及文化遗产。C，对A和B中所载事项有价值的经济、社会、文化和艺术的条件和因素。"

[5] 加拿大《环境法》第3条明确规定："环境是指地球的组成成分，包括①大气、土地和水；②所有大气层；③所有有机物质、无机物质和生物体；④互相影响的自然系统，包括第①项至第③项所提到的成分。"

[6] 参见李挚萍：《环境法基本法中"环境"定义的考究》，载《政法论丛》2014年第3期。

从国际和国内规范性环境法律文件我们不难看出，即使在法律中，环境的含义也具有多样性和差异性。这些规范性环境法律文件中的"环境"既有人（以人为中心）的环境，也有生物（以生物为中心）的环境，既指自然要素，又指生态系统、社会文化要素，还指房屋、道路等。这种多样性的"环境"在一定程度上体现了环境法作为新兴的法律所具有的探索性与不成熟性。环境法学作为一种为环境法的发展和成熟服务的理论体系，面对法律文件中如此纷繁的"环境"定义，应当拿出科学合理的观点。环境法学既不能对法律文件中的"环境"照搬照抄（实际上对如此多样化的"环境"也无法照抄），也不能把视域仅仅局限于环境法律文件，而应当在正确的思想指导下对环境法律文件中的"环境"进行合理的取舍，并根据需要突破现有环境法律文件对"环境"的限制。

环境法学中的"环境"究竟是人的环境还是生物的环境？对该问题的不同回答体现了我国部分环境法学者以及环境伦理学者所言的人类中心论和生物中心论。人类中心论强调以人为中心；生物中心论强调以生物为中心。如果仅仅从字面上看，无论是人类中心论还是生物中心论都是客观存在的事实，以人为中心的环境和以生物为中心的环境可以并存不悖，这是一种客观事实。但是这种客观事实并不能随意纳入体现价值判断的学科知识体系中。究竟以人为中心还是以生物为中心，取决于不同学科的目的和任务。例如，在生态学中，我们可以承认并使用以生物为中心的环境，只要这种使用有利于描述自然的生态系统和揭示自然的生态规律。而法学的目的不是描述自然和社会，而是做出价值判断，指导人们如何行动。法学以及作为其主要研究对象的法律都是为人的利益服务的。这是无可争辩的事实。环境法学及环境法律也不例外。假如地球上没有了人，那么，以其他生物为中心的环境无论多么美好或者恶劣，都不是环境法所关注的对象了。所以，环境法学中的环境是人的环境而不是生物的环境。尽管有个别国家的环境法在字面上把环境表述为以生物为中心的环境，但这种以生物为中心的环境实际上也是为人的目的服务的，最终都是人的环境。就像《湿地保护法》和《野生动物保护法》一样，它们直接保护的虽然是湿地和野生动植物，但其最终目的毫无疑问都是为人的目的服务的。这里的湿地和野生动植物实际上都是以人为中心的湿地和以人为中心的野生动植物。正如有学者所指出的那样，当我们使用"环境"这一术语时，感觉好像"人类"是处于"环境"之外的。[1]这正是以人为中心看待环境的必然结果。

既然环境法学中的环境以人为中心，则围绕人周围的多大空间范围的哪些要素才是"环境"所指呢，也即环境的空间范围和要素范围是什么。从空间范围上看，随着科学技术的发展，人类的活动范围也逐渐扩大。从地球上的陆地到大洋洋底，再到冰封的南极和北极，从地球到月球和太空，都留下了人类影响的足迹。与此同时，人类所关心的环境也从人们生活周围的空气、土壤、水等扩展到无人居住的南极[2]、北极[3]、大洋洋底[4]、月球

---

〔1〕 [美] 罗尼·利普舒茨：《全球环境政治：权力、观点和实践》，郭志俊、蔺雪春译，山东大学出版社2012年版，第4页。

〔2〕 国际社会已经在《南极条约》的基础上签订了《保护南极动植物议定措施》《保护南极海豹公约》《南极海洋生物资源养护公约》《关于环境保护的南极条约议定书》等国际协定，对南极地区的环境加以保护。

〔3〕 人类虽然暂时还没有签订有关北极环境保护的国际条约，但部分国家的环境法已经把北极环境保护作为保护的对象，如加拿大的《环境法》。并且，学者们已经对此问题加以关注。

〔4〕 国际社会已经通过《联合国海洋法公约》《"区域"内多金属结核探矿和勘探规章》《海洋采矿的环境管理准则》等规范性文件对大洋洋底的环境加以保护。

第三章　环境正义不是环境利益的公平分配

甚至是太空[1]。人类对这些"周围情况"的关注，是因为人们逐渐认识到这些情况的恶化都可能对人类的生产、生活乃至生存产生不好的影响，都应当受到法律的保护，属于环境法学中"环境"的空间要素。所以，随着人类认识自然的能力的进一步提高，人类有可能发现更大范围的对人类生产、生活乃至生存有影响的"周围情况"，进而要求更大范围的人类周围情况成为环境法的保护对象，成为环境法学中环境的一部分。正因为如此，才有学者明确指出"环境法学中的环境概念还是一个不断丰富和发展的概念"。[2]

既然环境法学中的环境，就目前而言，在空间上已经涵盖了整个地球以及地球周围的大气系统和外层空间，那么，从字面上看，该空间范围内的所有构成成分都应该是环境的构成要素，既包括水、土、生物、微生物等，又包括无数大大小小的生态系统，还包括社会文化等。如果从这个角度去解释环境，则我们在前文揭示的规范性环境法律文件中多样性的环境定义不仅不难理解，而且也都不全面。这种无所不包的环境，我们只能称其为"环境"而不是"生态"。因为，只有"环境"一词才能够有如此巨大的包容性，其不仅可以涵盖具有相对独立性的环境要素，而且可以涵盖由环境要素组成的生态系统，甚至还可以把社会文化因素纳入其中。即使我们可以根据"整个地球实际上就是一个大的生态系统"[3]而用"生态"一词指称地球环境，我们也无法把文化、外层空间以及不构成生态系统

---

[1] 国际社会已经签订《外空条约》和《月球协定》等国际条约，对人类探索、开发外层空间的活动加以规范。保护外层空间的环境是这些国际条约的内容之一。

[2] 徐祥民主编：《环境与资源保护法学》，科学出版社2008年版，第6页。

[3] [美] V.F.韦斯科夫：《人类认识的自然界》，转引自吕忠梅：《环境法新视野》，中国政法大学出版社2000年版，第4页。

的局部环境涵盖其中。

但是，这种无所不包的环境是否就是环境法学中的环境，进而应当成为环境法所要保护的环境？答案明显是否定的。环境法作为一个部门法不仅没有能力而且没有必要保护这种无所不包的环境，并且把"房屋""道路""社会文化"等作为环境要素纳入环境法的保护范围不符合环境法的立法目的。环境法作为我国法律体系中的一个部门法，其调整的对象和保护的范围是有限的，不可能把其他法律部门所调整的对象全部纳入自己的保护范围，如环境法既不可以把民法所保护的作为物权客体的房屋、汽车等作为其保护的对象，也不可以把经济法所保护的市场经济秩序作为自己的保护对象，而无论是房屋、汽车还是市场经济秩序，都可以是人的周围情况的组成部分，也即环境的组成部分。环境法是由现代环境危机所催生的一个新兴的法律部门，其历史使命就是应对人类所面临的现代环境危机。现代环境危机并不是环境的危机，而是人类的危机，是类似于"八大公害"的由自然环境的恶化而造成的人的损害的危机。现代环境危机的根源虽有多种，[1]但其直接原因毫无疑问是由现代科技武装的人类对大自然肆无忌惮地开发、掠夺和破坏。所以，环境法所要应对的环境问题是由人的行为所造成的自然环境的恶化问题，环境法所要保护的环境就是人类赖以生存的自然环境，也即大自然。尽管目前纯粹的、没有受人类影响的自然已不多见，且天然的自然与受人类影响的自然有时候也难以明确区分，但我们还是能够把某些要素明确排除在自然环境之

---

[1] 美国著名生态学家巴里·康门勒教授曾经把现代环境危机的根源归结为十个方面，即"人口说""富裕说""需求说""进取意识说""教育说""利润说""宗教说""技术说""政客说""社会制度说"。参见陈泉生等：《环境法学基本理论》，中国环境科学出版社 2004 年版，第 43~44 页。

外，如市场经济秩序、社会文化、政治制度、宗教等。

在明确了"利益"与环境法学中的"环境"的含义之后，我们现在可以把视角转向"环境利益"。如果按照上文的论述，那么，在客体的意义上，环境利益就是自然环境好处；在关系意义上，环境利益就是自然环境对人的需求的满足。很明显，无论是客体意义上还是关系意义上，我们仍无法明白究竟什么是环境利益。由于自然环境好处也是自然环境对人的好处，可以被关系意义上的环境利益概念所涵盖，所以，为了分析的方便，我们就从关系意义上分析何为环境利益。

由于大自然是人赖以生存的基础，人的衣、食、住、行等都有赖于大自然提供的物质，所以，大自然对人的需要的满足也是多方面的，既有财产方面的又有人身健康方面的，既有物质方面的又有精神方面的。如果按照马斯洛的需要理论，则无论是"生理需要""安全需要"还是"归属与爱的需要""自尊需要""自我实现需要"，[1]哪一种需要都离不开大自然对人的供给。尽管有学者认为"健康"和"自主"是人的基本需要，但这两项基本需要也是以"无害的自然环境"作为前提需要之一，[2]同样也都离不开大自然这一基本前提。

既然大自然对人的需要的满足是多方面的，那么，从字面上看，这些需要的满足都可以称作环境利益，即环境利益不仅包括财产利益，而且包括人身利益。既然人身利益和财产利益都是环境利益，那么为何这两种古老的利益无论是在创始时还是在现在人们都不将其称之为环境利益。看来，字面意义上的

---

[1] 参见［美］马斯洛：《动机与人格》，许金声等译，华夏出版社1987年版，第40~53页。

[2] 参见［英］莱恩·多亚尔、伊恩·高夫：《人的需要理论》，汪淳波、张宝莹译，商务印书馆2008年版，第63~255页。

环境利益是有问题的。要确认环境利益，我们必须联系其时空背景。

从时代背景看，环境利益在环境危机时代才凸显出来并受到人们的重视。在客观上，我们可以说，从人类在地球上诞生之时起，自然环境对人类需要的满足已经存在，即环境利益已经存在。但是，在相当长的历史时期中，人类在地球上生存所面临的威胁主要是饥饿、猛兽、洪水、严寒等，人类所关注的也只是如何从大自然获取财物，大自然对人类而言是取之不尽用之不竭的，也即良好的自然环境对人类而言不具有稀缺性[1]。所以，人类注重的只是具有稀缺性的人身利益和财产利益。随着现代环境危机的大规模爆发，人们越来越发现，人类除了需要财富、健康、自由外，还需要良好的自然环境。随着自然环境因污染和破坏而逐渐恶化，良好的自然环境的稀缺性逐渐凸显出来。环境利益一词就是在这种背景下被人们创造和使用的。从现代环境危机的背景来看，环境利益实际上反映了人们对良好自然环境的重视。人们之所以重视良好的自然环境，原因在于遭到损害的自然环境会危害人们的人身和财产利益，使人们的人身利益和财产利益处于危险之中。所以，环境利益实际上就是自然环境对人的人身利益和财产利益安全保障需要的一种满足。既然是能够满足保障人身利益和财产利益安全需要的自然环境，则该自然环境对人而言就是一种良好的自然环境。

其实，人们都有维护自己人身和财产安全的需要，传统的民法、刑法、行政法等对这种需要的满足的途径也是多样的，如阻止侵害、禁止偷盗等，但这些途径都是针对具体的主体，因为传统法律中的侵害和偷盗都是具体主体的直接行为。在环

---

[1] 即使可能有局部的环境破坏进而不适合人类居住，人们也可以通过迁徙寻找到适合居住的地方。

境危机背景下,危害人身利益和财产利益的外部因素又多了一个,即由环境污染与破坏而导致的环境恶化。而恶化的自然环境直接损害人们的人身利益与财产利益。所以,良好的自然环境是对人们的人身利益与财产利益安全的一种保障,这种保障不同于传统民法、刑法、行政法等对直接侵害人身利益与财产利益行为的阻止与禁止。

环境利益本身不是人身利益和财产利益,而是对人们保障人身利益和财产利益安全需要的一种满足。在某种意义上,我们可以说,正是由于人类在相当长的历史时期中只关注自己的人身利益和财产利益,才使人们大肆开发掠夺大自然,进而造成现代环境危机,而现代环境危机转而威胁人们的生命和财产,这种窘境就是有学者所指出的"出于自我利益的自我损害"[1]。所以,在环境危机背景下诞生的环境利益不可能是作为现代环境危机原因之一的人身利益和财产利益。

既然关系视角下的环境利益是良好的自然环境对人的人身利益与财产利益安全保障需要的一种满足,则客体意义上的环境利益就是良好的自然环境。那么,究竟什么样的自然环境才算是"良好"。对于良好环境的判断标准,我们不能依据动物、植物等自然体,[2]而只能依据人的标准,即看自然环境状况能否达到保障人身利益和财产利益安全的要求。人们的人身利益和财产利益在某种意义上也只是环境利益的一种探测器和感应器,尽管现代科技可以把这种感应器物化为机械装置。所以,环境利益是一种安全保障利益,人身利益和财产利益既是这种

---

[1] [德]奥特弗利德·赫费:《作为现代化之代价的道德——应用伦理学前沿问题研究》,邓安庆、朱更生译,上海译文出版社2005年版,第148页。
[2] 水母虽然可以反映水环境的质量状况,但我们不能根据水母的要求去保护水环境。

安全保障利益的一种"警报器",也是其保障的目标。

从环境危机的时代背景看,由于所有的法律主体(包括自然人、法人、其他组织)都拥有财产利益,也即所有的法律主体都有保障其财产利益安全的需要,而良好的自然环境毫无疑问可以满足所有主体的财产利益安全保障需要,但这只能说良好的自然环境对所有的主体都是有益的,而不意味着所有的主体都"拥有"针对良好自然环境的环境利益。也就是说,在关系的意义上,我们可以说所有的主体都有环境利益(即良好的自然环境对所有的主体都有益),但是在客体上,我们不能说所有的主体都拥有环境利益(即良好的自然环境)。正如在关系上我们可以说和谐的家庭氛围对子女是有益的,能够满足子女的多种需要,但在客体上我们不能说和谐的家庭氛围是子女的利益,即子女"拥有"和谐的家庭氛围。

所以,尽管在关系意义上所有的主体都享有环境利益,但是在客体意义上任何主体都不可能对环境利益进行拥有。客体意义上的环境利益只能是区域内(乃至全球)所有主体共同享有的利益。客体意义上的环境利益实际上是区域内(乃至全球)所有主体赖以生存和发展的自然前提条件,也即区域内(乃至全球)所有主体安全拥有人身利益和财产利益的自然前提条件,而人身利益和财产利益都是环境相关利益。换言之,客体意义上的环境利益与每一个人都相关,但它不属于任何人。

三、环境利益的本质及其特征

从字面上,我们很容易发现,环境保护法就是用来保护环境的法律。[1]相对于人而言,环境体现的是人的利益,但这种

---

[1] 正如消费者权益保护法保护的是消费者的权益、未成年人保护法保护的是未成年人的权益一样。

利益不是传统法律已经保护的个人之人身利益和财产利益,而是客体意义上的环境利益。环境法学为完善环境法服务,其中的环境利益也应是客体意义上的环境利益。

环境利益在本质上是一种安全利益。环境利益实际上体现的是人们的人身利益与财产利益不受环境恶化危害的一种状态,是对人身利益和财产利益的一种安全保障。在环境不利益的状态中,人们的人身利益或财产利益会或多或少地遭受不良环境的侵害。在这种意义上,环境利益实际上也可以等同于环境安全,也即安全的自然环境。人们身处安全的自然环境就自然会享受环境利益,否则就是环境不利益。正如人们身处安全的国防状态而享受相应的国防安全利益一样。坚固的国防对一国内所有人的人身利益和财产利益都是一种保障,每一个人都从中受益,但它并不是人们的人身利益和财产利益,而是人们安全拥有人身利益和财产利益的一个前提。因此,环境利益具有以下几个方面的本质特征:

第一,环境利益具有整体性与不可分割性。作为安全利益,环境利益只能是一种整体利益,而不是整体中部分个体的利益。环境利益的整体性是由自然环境本身的整体性决定的。自然环境具有区域整体性乃至全球性已经是一个不可否认的客观事实。处于同一自然环境中人们实际上已经被该自然环境连接成为一个共同体,既环境共同体。该共同体中的成员相对于其所处的自然环境而言是同呼吸共命运的,可以说是"一损俱损、一荣俱荣"的。每一位成员都会因环境的恶化而遭受不利影响,同时也都会因良好的环境而受益,但每一位成员都不可能把环境利益进行明确的分割而单独地拥有。因此,环境利益只能是环境共同体的利益,即共同体的成员连接成一个整体而拥有的利益,具有不可分割性。而我国部分环境法学者把环境利益视为环境区分利益实际上误解了环境利益的整体性本质，是把个体与环境相关的人身利益和财产利益等同于环境利益。环境利益与共同体成员的个人利益之间的关系就像公司利益与股东个人利益之间的关系一样。股东从公司利益获益，如果公司利益受损，股东也会受损，不同能力的股东（持股量有差异）从公司利益中获取的个人利益也是有差异的，但在公司存续期间，股东无法对公司利益进行明确分割而分别据为己有。

第二，环境利益具有秩序性。良好的自然环境实际上是一种良好的秩序状态，人们身处良好的自然环境实际上就是身处一种良好的秩序之中，因此，环境利益实际上就是一种良好的秩序状态对人们的人身利益和财产利益的一种保障，即环境利益具有秩序性。身处自然环境中的人们正如身处交通秩序中的人们一样。良好的交通秩序对身处其中的人们都有利，是人们人身利益和财产利益的一种保障；反之，恶劣拥堵的交通秩序对身处其中的每一个人都不利，甚至威胁人们的人身利益和财产利益。交通秩序只是与人们的人身利益与财产利益有关，其本身并不是任何人的人身利益或财产利益，也即身处交通秩序中的任何人都无法对交通秩序本身专有。

第三，环境利益具有本底性。尽管环境本底在自然科学中具有独特的含义，[1]但在与从本底中获取的东西相对应的"本底"意义上，自然环境本身就是一种本底，人类从该本底中获取各种物质财富。环境利益是人类针对环境本底的利益，而不是针对从环境本底中获取的物质的利益。环境本底条件越好，

---

[1] 环境本底是指自然环境在未受污染的情况下，各种环境要素中化学元素或化学物质的基线含量，也即人类活动干扰前的环境状态下，地球生物圈中的大气、水体、土壤、生物等环境要素在自然形成和发展过程中，其本身原有的基本化学组成和能量分布。

人们从中获取的物质财富可能就越多；反之，人们从中获取的物质财富就越少。人们要想持续不断地从环境本底中获取物质财富，就必须保护好环境本底，维护好环境利益。环境本底一旦丧失，人类也就无法依存，更谈不上从中获取利益了。"皮之不存，毛将焉附"的道理就是环境利益与人身利益、财产利益之间关系的真实写照。

第四，环境利益具有反射性。反射利益是一个源于德国公法理论的法学概念，其含义是指人们的受益源于客观法律规定的反射效果（附带效果），而非人们所拥有的权利，[1]换言之，某种状态虽然对人们有利，但任何人都无法对其拥有权利。环境利益作为一种良好的自然环境，对生存于其中的每一个人都有利，但生活于其中的任何人都无法拥有针对该自然环境的权利。环境利益作为一种安全利益，其整体性、秩序性、本底性已经决定了从中受益的任何人都无法对其拥有权利。正如我们每一个人都无法拥有环境本底而享有权利、每一个股东（共同体的成员）都无法对公司利益（整体利益）直接拥有权利，更无法拥有针对国防安全与良好的交通秩序的权利一样。

其实，环境利益从更多的视角看也许不局限于上述四个方面的本质特征，而这四个方面的本质在某种程度上只是环境利益本质特征的代表和缩影。但是，无论环境利益有多少本质特征，也不论这些本质特征看上去是多么不一致，它们毫无疑问都是环境利益本质的某种反应，与环境利益的本质是一致的，可以让我们更好地理解和把握环境利益的本质。我们对环境利益本质及其特征的揭示最终都要落脚到法律规范上，环境利益的本质及其特征对法律规范的内在要求是一致的。这种一致性

---

[1] 参见［德］汉斯·J. 沃尔夫、奥托·巴霍夫、罗尔夫·施托贝尔：《行政法》（第1卷），高家伟译，商务印书馆2002年版，第504~505页。

也是我们探究环境利益本质的核心意义所在。

四、环境利益实现的法律路径

对于实现环境利益的法律途径，我国大多数环境法学者都明确主张依靠法律权利（包括人身权、财产权、环境权）和权力，而环境义务只是为权利和权力服务的。[1]这种观点明显与环境利益的本质相悖，根本达不到保护环境利益的目的。对人身权和财产权的直接保护根本无法消除环境恶化对人们人身利益与财产利益的威胁。人身权与财产权的有效保护只能在一定程度上制止直接侵害它们的环境污染与破坏行为。如果某种环境污染与破坏行为没有直接侵害任何人的人身权或财产权，则人身权与财产权手段对它们的保护无能为力，只能等待这种环境污染与破坏经过时空迁移与累积在更大的范围和更为严厉的程度上对人们人身利益与财产利益的侵害。实体意义上的环境权是直接以环境为客体的权利，从表面上看似乎可以通过环境权的行使有效保护环境，但这种环境权不仅在理论上无法实现自圆其说，而且在实践中也无法实施，最根本的原因在于环境无法成为人们的私权客体。也许有些环境权论者已经认识到这种环境权的窘境与虚伪，转而主张《奥胡斯公约》所规定的知情权、参与权和救济权为程序意义上的环境权，即环境权就是环境知情权、环境参与权和环境救济权。[2]但这些所谓的程序性环境权实际上也不是真正的环境权，而是人们对环境事务所

---

[1] 参见史玉成：《环境利益、环境权利与环境权力的分层建构——基于法益分析方法的思考》，载《法商研究》2013年第5期；何佩佩、邹雄：《论生态文明视野下环境利益的法律保障》，载《南京师大学报（社会科学版）》2015年第2期；等等。

[2] 参见陈海嵩：《论程序性环境权》，载《华东政法大学学报》2015年第1期。

拥有的知情权、参与权以及对环境侵害所拥有的救济权,无法成为环境法的特有权利。在现实中,政府虽然确实拥有环境管理方面的权力,但对这种权力绝不能仅仅从权力的角度加以认识。在现代社会中,政府毫无疑问应该是公共利益的代表者和提供者,为了实现这种职能,政府应拥有一些权力,但政府的权力同时也是其责任与职责,与政府角色不可分割,服务于公共利益。权力实际上是对提供公共利益责任的履行和承担方式。

部分学者之所以将权利与权力视为实现环境利益的正确法律措施,原因在于他们将环境利益作为人们可以占有、支配和控制的利益,进而可以成为权利的客体和权力的支配对象。但环境利益实际上是人们赖以生存的一种前提条件,是人们生存的摇篮而不是其控制支配的对象。作为一种安全利益,其整体性、本底性、秩序性、反射性都决定其无法被生存其中的人们所控制支配。生存其中的人们随着环境利益的增长而获益,随着环境利益的减损而受损。人们要想从环境利益中获益,首先必须切实维护环境利益。维护环境利益是生存其中的人们的共同责任和义务。正如良好的交通秩序可以使其中的人们都受益,但人们必须共同维护良好的交通秩序。如果其中部分人扰乱交通秩序,在没有侵害其他人的人身权或财产权的情况下,任何人都无法通过主张权利的方式来实现良好的交通秩序。

受益于环境利益的人们实际上就是一种利益共同体,即环境利益共同体。人们因环境利益的增长而享受好处,因环境利益的减损而遭受威胁和损害,但环境利益的增长需要共同体所有成员的共同努力才能实现。人们对环境利益增长所付出的努力是其从环境利益获得好处的必要前提和"代价",也是人们对共同体应当负有的责任和义务。正如有学者所指出的那样,共同体的强大离不开其成员的拥护;共同体成员从共同体获得好处,作为"代价",其应当对共同体承担一定的义务和责任。[1]也如强大的国防能够使每一个国民都受益,但它不是任何国民的权利客体,恰恰相反,强大的国防需要所有国民的共同努力才能实现。

在前环境危机时代,也即地球的自然环境处于适合人类生存的良好状态,人们从环境利益中享受好处是与生俱来的,因为那时的环境利益还足够丰厚,不需要人们对其加以维护。但自从进入环境危机时代,环境利益已经遭受人为的减损,甚至不能满足人们维护其人身利益和财产利益的需要。在环境利益尚未遭受损害的状态下,人们尽管还可以与生俱来地从中获得好处,但绝不可能持续下去。人们要想永续地从环境利益中获得好处,首先必须维护好环境利益,防止环境利益遭受损害,也即采取措施维持和增强环境利益。在环境利益已经遭受损害的状态下,人们已经无法与生俱来、自然而然地从环境利益中获得好处,因为在此状态下已经没有环境利益。人们要想从环境利益中获得维护其人身利益和财产利益的好处,首先必须恢复和创造环境利益。无论是维护和增强环境利益还是恢复和创造环境利益,都需要人们共同努力和付出,普遍承担环境义务,而不是一部分人享有权利另一部分人承担义务。在现代社会,政府作为公共利益的主要提供者毫无疑问应当承担主要的环境保护责任,但其责任的履行可以通过包括行使权力在内的多种方式。[2]

总之,准确识别环境利益及其本质不仅可以使我们更清楚地认识到现存绝大多数环境利益观点所存在的缺陷与不足,而且更为重要的意义是使环境法具有明确具体的利益基础,进而

---

[1] [英]齐格蒙特·鲍曼:《共同体》,欧阳景根译,江苏人民出版社2007年版,第2—6页。

[2] 如日本的公害防止协定以及各国普遍采用的激励措施。

决定环境利益实现的法律途径。环境法的独立性在很大程度上依赖于其所保护之环境利益的独特性。无所不包的环境利益说、人格利益说根本无法将环境利益与传统法律所保护的人身利益和财产利益明确区分开来；环境需求或生态需求满足说实际上无法给环境法一个具体明确的利益客体。客体意义上的环境利益即良好的环境品质才是环境法所保护的具体明确的利益。认清和明确环境利益的本质及其特征更为重要的意义就是使人们能够更清楚地认识环境正义。基于此，我们至少可以得出以下两点结论：一是环境正义不是环境利益的分配正义，因为环境利益不具有可分割性，根本无法分配。作为一种安全利益，具有整体性、共享性、不可分割性、反射性、本底性、秩序性等特征，根本无法在不同群体之间人为地进行分割。二是作为独立正义类型的环境正义以环境保护为目的，即环境正义是维护和实现环境利益的正义，但环境正义不是有关权利的正义，而是以义务为中心的正义。

拨开环境利益论争的迷雾，我们发现，作为环境危机背景下的一种新型利益，环境利益既不可能是人身利益、财产利益，也不可能是无所不包利益总汇。在关系意义上，环境利益就是良好的自然环境对人们维持其人身利益和财产利益安全需要的一种满足；在环境法所保护的利益客体意义上，环境利益就是良好的环境品质。环境利益在本质上是一种安全利益。因此，环境利益在本质上不可分割，环境正义不可能是环境利益分配的正义。环境正义应当以维护和实现环境利益为目的，其核心不可能是权利。

第四章
自由主义分配正义与环境问题根源

上文的论述告诉我们,无论是环境负担的分配还是与环境相关的利益的分配,都不是环境正义的内容,都无法有效保护环境、应对现代环境危机。之所以如此,究其根源在于自由主义分配正义的弊端。现有的所谓的环境利益与环境负担之公平分配的正义实质上就是自由主义分配正义在现代环境问题背景下的具体应用。在本章,笔者拟对自由主义分配正义加以考察,并说明其弊端及其与现代环境问题的联系。

一、现代环境问题的自利性财产根源

以资源的枯竭、土地的荒漠化、臭氧层空洞的扩大、生物多样性的锐减、地球表面气温的升高等为典型代表的现代环境问题正在威胁着整个人类的生存和发展,是人类必须面对和解决的问题。有关历史的研究告诉我们,或许古代的人类也遭到过环境破坏的威胁,并因此而付出了重大的代价,如古代玛雅文明的衰亡,[1]但从整体上看,此时的地球环境并没有出现大规模问题,并没有对整个人类的生存构成威胁,仍然适合人类的生存,仍能够为人类的生存与发展提供足够的空间和资源。

---

[1] 参见[德]约阿希姆·拉德卡:《自然与权力:世界环境史》,王国豫、付天海译,河北大学出版社2004年版,第34页。

第四章　自由主义分配正义与环境问题根源

如果说古代的部分人群与文明完全可以通过迁移的途径继续在地球的另外一个地方生存和发展的话，面对现代环境问题威胁的人类则已经"无处可逃"了，人类唯一的出路就是面对环境问题，寻找环境问题的成因与根源，并提出相应的应对措施。

美国著名的生态学家巴里·康门勒教授曾经把现代环境危机的根源归结为十个方面，即"富裕说""人口说""需求说""进取意识说""教育说""利润说""宗教说""技术说""政客说""社会制度说"。[1]我们也曾经指出现代环境危机体现的是人与自然之间的矛盾，其直接原因就是现代经济系统与地球生态系统之间的矛盾，即现代经济系统已经超出了地球生态系统的环境承载能力。[2]无论是现代经济系统还是康门勒教授所指出的十个方面的原因，归根结底都是人的原因，都是人类对自我利益追求的不同体现。正因为如此，环境伦理学家和哲学家们都把现代环境危机的思想根源归于人类中心主义，严格意义上讲就是近代人类中心主义，即"一切以人为核心，人类行为的一切都是从人的利益出发，以人的利益作为唯一尺度，只依照自身的利益行动，并以自身的利益去对待其他事物"[3]，其发展到极致的体现就是人类能主宰一切，万物皆为人所用，都是人的财产。

人类作为一个物种，本身具有自利性，并且这种自利性在人类漫长的历史进程中一直得到西方主流文化的肯定和赞扬，进而发展成为近代人类中心主义思想。其实，所有的物种在本性上都是自利的，这是生物的本能，唯有如此，生物才能在复

---

[1] 参见陈泉生等：《环境法学基本理论》，中国环境科学出版社2004年版，第43~44页。

[2] 参见徐祥民、刘卫先：《环境损害：环境法学的逻辑起点》，载《现代法学》2010年第4期。

[3] 余谋昌：《走出人类中心主义》，载《自然辩证法研究》1994年第7期。

整体主义环境正义论

杂的竞争环境中得以生存和延续，否则，就会像美国植物学家默迪所言的那样，"物种必将毁灭"！[1] 每一种生物都"试图把尽可能多的环境转化为自己和后代的私有财产"，[2] 人类也不例外。美国心理学家马斯洛教授所揭示的人的需求层次理论中，首先满足的第一层次的需求就是"生理需求"，即衣、食、性等方面的维持生存和繁衍的生物本能需求。只有生理需求得到满足之后，才能追求更高层次的"安全需求""归属和爱的需求""自尊需求"和"自我实现需求"。[3] 马克思主义经典作家也曾明确指出，"人们首先必须吃、喝、住、穿，然后才能从事政治、科学、艺术、宗教等等"。[4] 但是，人类与其他物种不同的是人类能够制造和利用工具，能够使用语言，能够进行思考和反思，进而形成文化，使人类满足自利需求的能力不断增强。正如英国著名哲学家罗素先生所言的那样，"最初，在普遍的生存竞争中，人的前途似乎并不十分美妙。那时人还是个稀有族类，论攀援树木以躲避野兽，他不如猿猴敏捷，论身上的皮毛，几乎生来就无法御寒，幼年时期很久，是他的困难；他要和其他族类竞争，费了很大的劲才能弄到吃的"，但是，人类"从一开始就具备的有利条件是头脑，渐渐地，这唯一有利条件越来越有分量，把他从一个被追逐的逃亡者变成了地球的主人"。[5] 人类通过思考、反思、行动等逐渐在认识上把自己独立于自然环

---

[1] 参见叶平：《"人类中心主义"的生态伦理》，载《哲学研究》1995年第1期。
[2] [英]罗素：《哲学大纲》，第30页，转引自[美]霍尔姆斯·罗尔斯顿：《环境伦理学——大自然的价值以及人对大自然的义务》，杨通进译，中国社会科学出版社2000年版，第445页。
[3] 参见[美]马斯洛：《动机与人格》，许金声等译，华夏出版社1987年版，第40~53页。
[4] 《马克思恩格斯选集》（第3卷），人民出版社1995年版，第776页。
[5] [英]伯特兰·罗素：《人类有前途吗?》，吴忆萱译，商务印书馆1964年版，第3~4页。

境之外，并在自利的驱使下，把"创生万物的自然的其他部分和进化生态系统的所有产物都当作人类的资源来看待",[1]逐步走上征服大自然的道路。

西方主流文化传统，从古希腊到近现代，都承认大自然是人类的财产，为人所用。古希腊的亚里士多德曾明确指出："自然就为动物生长着植物，为众人繁育许多动物，以分别供应他们的生计。经过驯养的动物，不仅供人果腹，还可供人使用；野生动物虽非全部，也多数可餐，而且［它们的皮毛］可以制作人们的衣履，［骨角］可以制作人们的工具，它们有助于人类的生活和安适实在不少。如果说'自然所作所为既不残缺，亦无虚废'，那么天生一切动物应该都可以供给人类的服用。战争技术的某一意义本来可以说是在自然间获得生活资料（财产）……掠取野兽以维持人类的饱暖既为人类应该熟悉的技术，那么，对于原来应该服属于他人的卑下部落，倘使竟然不愿服属，人类向它进行战争（掠取自然奴隶的战争），也应该是合乎自然而正当的。"[2]可见，亚里士多德不仅认为大自然为人们提供财产，而且认为奴隶也是一种财产，并且为了满足财产需求，人们可以采用战争的手段。所有这些，在当时的社会中，可以说是一种理所当然。在这一时期，人类尽管从表面上看也制定了一些保护资源的法律法规，如公元前两千多年的《乌尔纳姆法典》关于使用土地的规定、《伊斯达法典》关于保护荒地和林木的规定；公元前18世纪古巴比伦王国的《汉谟拉比法典》关于土地、森林、牧场等的规定；公元前3世纪古印度《摩奴法典》

---

[1] [美]霍尔姆斯·罗尔斯顿：《环境伦理学——大自然的价值以及人对大自然的义务》，杨通进译，中国社会科学出版社2000年版，第460页。

[2] [古希腊]亚里士多德：《政治学》，吴寿彭译，商务印书馆1965年版，第23~24页。

关于荒地、湖泊、山川的规定；我国古代的《田律》《厩苑律》《仓律》《工律》《金布律》等关于按照季节合理开发利用土地、森林、野生动植物等的规定；[1]等等，其实都是为了满足人们的财产需求，体现的都是自然环境要素作为人们的财产来源而受到一定程度的重视。

中世纪的神权思想也肯定了大自然是人类的财产。作为西方思想文化重要渊源的《圣经》充满了人类对大自然的利用和控制思想，这实际上是把大自然视为人类的财产。神学家奥古斯丁和托马斯·阿奎那也都主张自然界中的所有生物都是为人类利用的，是人类的一种财产。[2]

如果说在远古时期人类由于自身能力有限而受制于外界环境，中世纪的人类由于上帝的存在而受到约束，则人类在文艺复兴和启蒙运动后逐渐摆脱了各种约束，使自己以大自然的统治者自居。文艺复兴追求人本主义思想，以凡人的幸福为最终目标。启蒙运动使人们摆脱神权的束缚，尤其是"上帝死了"（尼采语）之后，人类更是目空一切，把自己推到了史无前例的高度。在自利动机的驱使下，在进步科技的武装下和权利法制的保护下，人类更加肆无忌惮地对大自然进行开发利用，把大自然视为取之不尽用之不竭的资源宝库。也正是从这个时期开始，现代环境危机的种子开始萌芽了。正如当前世界公认的，地球表面气温的升高主要是由人类自工业革命以来使用的化石燃料所排放的温室气体累积所致。这个时期所表现出来的人类以自我为中心的利己思想就是学者们所言的近代人类中心主义。

近代人类中心主义思想在某种意义上就是自私的人类个体

---

[1] 参见蔡守秋主编：《环境资源法教程》，高等教育出版社2004年版，第20～28页。

[2] 参见刘卫先：《后代人权利论批判》，法律出版社2012年版，第163～165页。

对自身利益（主要是财产利益）的极端关注，并把这些利益转化为各种权利，试图得到彻底的保护。所以，在某种意义上我们可以说，现代环境危机的实质根源就是人类对财产的贪婪与永不满足。这种贪婪促使人们竭尽所能地获取甚至是争夺财产，体现的是人的自利本性。人类把大自然视为自己的财产，就是要按照经济利益最大化的方式对待大自然。眼前或在可预见的将来可以变成财产而对自己有利的事物，大家竞相争夺；反之，不能给人们带来经济利益的事物，无论它对生态系统的稳定有多么重要，都不可能得到人们的关照。正如有学者明确指出的那样，"复杂社会中的人们不遗余力地去获取、占有感到所需或者认为有价值的外界事物，并给它们贴上'我的'标签"。[1]这种贪婪只能促使人类对大自然进行快速掠夺性开发利用和瓜分，最后的结果只能是地球生态系统的破坏和全球环境恶化。在财产观念的支配下，只要觉得需要，人们就可以把任何事物都贴上"财产"标签。时至今日，人们仍然用"财产"来指称具有生态整体性自然资源，[2]仍然把公海海底区域、南极洲、月球及其他天体等环境领域妄称为人类的"共同遗产"[3]，这就是一个很好的证明。

二、自由主义分配正义：对财产的自利性争夺

在现代社会中，正义与正当尽管在字面上可以明确区分，

---

〔1〕[英]彼得·甘西：《反思财产：从古代到革命时代》，陈高华译，北京大学出版社2011年版，第263页。
〔2〕有关自然资源的非财产性论述，请参见刘卫先：《论可持续发展视野下自然资源的非财产性》，载《中国人口·资源与环境》2013年第2期。
〔3〕有关对"人类共同遗产"的批评性论述，请参见刘卫先：《环境保护视野下"人类共同遗产"概念反思》，载《北京理工大学学报（社会科学版）》2015年第2期。

但实质上似乎难以分开。正义与正当存在着相互证明的作用。当人们说做某事是正当的，就意味着做该事是正义的；反之，当人们说做某事是正义的，也意味着做该事是正当的。也就是说，无论是正义还是正当，都是人们评价的一种依据，而这种依据都是以某种道德共识、理论或背景为基础的。自由主义有自由主义的正义，社群主义有社群主义的正义，功利主义有功利主义的正义；并且，自由主义正义在功利主义者眼里就是"非正义"，功利主义正义在自由主义者眼里同样也是不正确的。因此，博登海默先生直言"正义有着一张普洛透斯似的脸，变幻无常，随时可呈不同形状并具有极不相同的面貌"。[1]但是，无论正义的含义如何变化，也不论正义的理论基础如何相异，人们在实践中所称的正义一般都是指"社会正义"，又叫"分配正义"。[2]这一点也可以从正义一词的起源上看出。据有关学者的考察，"正义"一词来源于古代希腊女神狄刻的名字，狄刻是宙斯同法律和秩序女神忒弥斯之女，在希腊人的雕塑中忒弥斯手执聚宝角和天平，眼上蒙布，以示"不偏不倚地将善物分配给人类"，因此狄刻就是"正义的化身"。[3]所以，从起源上看，正义就是指对"善物"进行分配的分配正义，而分配正义的核心问题就是根据什么原则、按照什么标准进行分配。

在古希腊亚里士多德的正义理论中，分配正义是其两个具体正义之一，即"表现于荣誉、钱物或其他可析分的共同财富的分配上（这些东西一个人可能分到同等的或不同等的一份）

---

[1] [美] E. 博登海默：《法理学：法律哲学与法律方法》（修订版），邓正来译，中国政法大学出版社2004年版，第261页。

[2] [美] 塞缪尔·弗莱施哈克尔：《分配正义简史》，吴万伟译，译林出版社2010年版，第1页。

[3] 参见廖申白：《西方正义概念：嬗变中的综合》，载《哲学研究》2002年第11期。

的公正"。[1]至于如何分配才算公正，亚里士多德认为，公正的分配就是按照几何比例进行的分配，"公正在于成比例"，即"两个人相互是怎样的比例，两份事物间就要有怎样的比例；如果两个人不平等，他们就不会要分享平等的份额"。[2]现实中，人们总是希望得到好的事物而不希望得到坏的事物，造成对好的事物分配过多而对坏的事物分配过少，违反了比例原则，产生不正义。所以，"公正的分配在于成比例，不公正则在于违反比例。不公正或者是过多，或者是过少。这样的情况常常会发生：对于好的东西，总是不公正的人所占的过多，受到不公正的对待的人所占的过少。在坏的东西方面则正好反过来。"[3]至于根据什么标准确定人与人之间的比例问题，亚里士多德认为，"人们都同意，分配的公正要基于某种配得，尽管他们所要（摆在第一位）的并不是同一种东西。民主制依据的是自由身份，寡头制依据的是财富，有时也依据高贵的出身，贵族制则依据德性"。[4]也就是说，亚里士多德认为应该根据人的"美德"进行分配，即按照人们之间美德的比例确定人们之间财物分配的比例，尽管在不同的政体中"美德"的首要所指并不一致。这种按照美德进行分配的原则就是亚里士多德自己所说的"尚优原则"，[5]其前提有二：一是所有的美德之间可以通约；二是

---

[1] [古希腊] 亚里士多德：《尼各马可伦理学》，廖申白译注，商务印书馆2003年版，第134页。
[2] [古希腊] 亚里士多德：《尼各马可伦理学》，廖申白译注，商务印书馆2003年版，第134~135页。
[3] [古希腊] 亚里士多德：《尼各马可伦理学》，廖申白译注，商务印书馆2003年版，第136页。
[4] [古希腊] 亚里士多德：《尼各马可伦理学》，廖申白译注，商务印书馆2003年版，第135页。
[5] [古希腊] 亚里士多德：《政治学》，吴寿彭译，商务印书馆1965年版，第152页。

任何美德都可以获得优待。但是，这两个前提条件很难实现。例如，身体高在采摘野果活动中是优点，奔跑的速度快在赛跑中是优点，但是，身体高和跑得快难以通约用比例计算，而且身体高和跑得快难以在采摘野果和赛跑中都得到优待。亚里士多德自己也承认这一点。他说："就人生的众善说来，出身和相貌也许较笛艺重要，现在对具有这些善德的人度长量短，在出身和相貌方面的所胜比较笛艺方面的所优为多；然而较好或较多的笛管仍旧应当分配给优于笛艺的那个人。"[1]很显然，较好的笛管应当分配给善于吹笛的人，尽管这个人也许出身低下和相貌较丑。所以，并不是任何美德在任何情况下都应得到优待，按照美德的比例进行分配也应当考虑美德与被分配的事物之间的联系。就政治地位与权利而言，"必须以人们对于构成城邦各要素的贡献的大小为依据"进行分配，而人们的"门望（优良血统）、自由身份或财富"与"对构成城邦要素的贡献"成正比，故可以作为"要求官职和荣誉（名位）的理由"。[2]在这里，亚里士多德明显在为奴隶制辩护，因为奴隶不具有"优良血统、自由身份或财富"等，不应当获得政治地位和权利。尽管如此，我们并不能对亚里士多德的分配正义做"事后诸葛亮"式的谴责。原因主要有二：一是其特定的时代背景决定了其为奴隶制辩护；二是亚里士多德的分配正义不是为了个人目的，要求个人的平等与权利，而是为了使个人能够最充分地发挥自己的才能以实现整个城邦的繁荣，即"正义以公共利益为依归"[3]。

---

[1] [古希腊]亚里士多德：《政治学》，吴寿彭译，商务印书馆1965年版，第153页。

[2] [古希腊]亚里士多德：《政治学》，吴寿彭译，商务印书馆1965年版，第154页。

[3] [古希腊]亚里士多德：《政治学》，吴寿彭译，商务印书馆1965年版，第152页。

亚里士多德的分配正义实际上就是给予每个人以其所应得，但他本人并没有做如此概括。在亚里士多德的分配正义理论中，应得的标准和依据只有人的功德，即"人们理应得到某些东西，是因为他们或具备某些优秀的品质或在实践中表现出优秀的行为"，任何人都不能仅仅因为需要或仅仅因为是人就理应得到某些东西。[1]罗马法学家乌尔比安首次将（分配）正义概括为"使每个人获得其应得的东西的永恒不变的意志"，并载于查士丁尼的《民法大全》；西塞罗也曾将其描述为"使每个人获得其应得的东西的人类精神取向"。[2]但无论是"永恒不变的意志"还是"人类精神取向"这种主观的倾向都无法保证分配正义的实现，分配正义在社会中实现不仅有赖于人们的主观条件，更需要各种社会制度的保障。中世纪神学家托马斯·阿奎那把（分配）正义描述为"一种习惯，依据这种习惯，一个人以一种永恒不变的意志使每个人获得其应得的东西"，进而从行为模式上加强了对正义实现的保障。[3]不仅古代和中世纪的分配正义强调"得其应得"，而且中世纪以后以至现代社会的分配正义也是如此，以致于有学者明确指出"给予每个人以其应得的东西"是（分配）正义概念的一个"重要的和普遍有效的组成部分"。[4]

至于什么是"应得"，有学者认为，"应得就是应该得到的"，其"观念有两层涵义：在常识观念中，应得既包括赏也包

---

[1] 参见［美］塞缪尔·弗莱施哈克尔：《分配正义简史》，吴万伟译，译林出版社2010年版，第17页。

[2] ［美］E. 博登海默：《法理学：法律哲学与法律方法》（修订版），邓正来译，中国政法大学出版社2004年版，第277页。

[3] ［美］E. 博登海默：《法理学：法律哲学与法律方法》（修订版），邓正来译，中国政法大学出版社2004年版，第278页。

[4] ［美］E. 博登海默：《法理学：法律哲学与法律方法》（修订版），邓正来译，中国政法大学出版社2004年版，第277页。

括罚，它是一个人的行为的后果；在哲学家的概念中，'应得的'与一个人'自身的'和'属于自身的'东西是同一范畴的。常识的观念也可以同哲学家的概念结合起来：赏或罚是由于一个人自身的行为而属于他自身的。……正义的概念在西方虽历经诸多变化，但应得始终是其中的基本涵义"。[1]在此我们可以发现，应得实际上已经包含了个体对自身利益的关注；应得的东西就是应该属于个人的东西，从个人的角度来看，就是个人的利益和权利。因此，才有学者直言"应得的正义可以说是后来的权利、自由、应当、对和错等概念的最早起源"。[2]但是，在中世纪以前的整个古代社会中，这种应得也仅仅是现代权利的萌芽，尚没有转变成真正的个人权利。一方面，在古代社会中，个人被淹没在城邦、氏族、组织之中，没有真正独立的个人，所谓的个人也只能是作为其所在整体之一部分的个体。在这种情况下，给予每个人以其所应得的目的不是为了个人的利益，而是为整体的利益，正如亚里士多德所说的那样，"正义以公共利益为依归"。分配的标准自然就是看个人对整体利益的贡献的大小以及人的善德，而不是仅仅因为是人就应当得到某种利益。西塞罗本人也明确指出所有形式的善行都"应该指向"正义，其正义中包含"慈善"的意思；托马斯·阿奎那几乎原封不动地接受了亚里士多德的分配正义理论。[3]另一方面，现代权利是萌芽于中世纪并在文艺复兴后兴起的一种话语体系，在古代社会并不存在。正如有学者所明确指出的那样，"权利话语最初出现并发展成近似于我们今天所看到的面目的时期……

---

[1] 廖申白：《西方正义概念：嬗变中的综合》，载《哲学研究》2002年第11期。
[2] 廖申白：《西方正义概念：嬗变中的综合》，载《哲学研究》2002年第11期。
[3] 参见 [美] 塞缪尔·弗莱施哈克尔：《分配正义简史》，吴万伟译，译林出版社2010年版，第28页。

是中世纪早期和中期"。[1]以至于美国当代著名哲学家罗尔斯先生直言"古代人的中心问题是善德理论，而现代人的中心问题是正义观念"，[2]而罗尔斯所言的正义就是以权利为核心的正义。

如果说"得其应得"的分配正义是诸多个体对公共稀缺资源与财富的分配，而这种分配在古代社会不仅没有威胁到公共利益，反而以公共利益为依归，那么，古典自由主义的兴起逐渐把这种分配转变成诸多个体对公共稀缺资源和财富的以权利为基础的争夺。

自由主义的基础就是个人主义。至于什么是个人主义，不同学者对此存在不同观点。在西方，较为详细论述个人主义的学者是卢克斯。他在"个人主义的基本思想"标题下曾列举十一项原则，即"人的尊严、自主权、隐私权、自我发展、抽象的个人、政治个人主义、经济个人主义、宗教个人主义、伦理个人主义、认识论个人主义、方法论个人主义"。这些原则可以归为两大类：一类是解释性的，即以个人为出发点解释社会政治现象；二是规范性的，即阐述一套个人优先的原则。[3]所以，无论是解释性的个人主义还是规范性的个人主义，都是强调个人的独立、自主、自我利益以及个人相对于集体而言的优先地位，也即个人的权利。因此，以个人主义为基础的自由主义尽管包括不同的思想派别，存在不同的理论观点，但有一点是不变的，那就是几乎所有的自由主义思想家都把"权利"作为核

---

[1] [美]理查德·塔克：《自然权利诸理论：起源与发展》，杨利敏、朱圣刚译，吉林出版集团有限责任公司2014年版，第2页。

[2] 参见姚大志：《何谓正义：当代西方政治哲学研究》，人民出版社2007年版，第23页。

[3] 参见李强：《自由主义》，吉林出版集团有限责任公司2007年版，第141～157页。

心。[1]这也在一定程度上说明权利观念的兴起与个人的独立与解放是密不可分的。如果没有个人的独立和解放,就不可能出现权利。这也是在古代中国和西方社会不存在权利的原因之一。

在中国传统社会中,家庭是社会的主要单位,个人处于家庭之中无法独立存在,进而导致中国传统思想中不存在独立的个人以及权利观念。正如有学者所明确指出的那样,在中国传统社会中,"人是用他在其中生活的社会人类关系来定义的","不存在纯粹的个人",而只有"儿子、女儿、父亲、丈夫、妻子、臣民、统治者、官员"等被"社会关系"所包裹着的只具有"社会性质"的人,"个人对家庭的依附导致缺乏一种自主的、自立的和拥有权利的个人的概念"。[2]在古希腊,人被认为是"社会的和政治的动物",而不是"作为社会最小单位的自立的个人";在这里,"城邦"乃是道德和政治思想的焦点,参与城邦的共同生活成为人性本质的一部分;人们普遍认为"培养美德和发扬人类的优点重于追逐物质利益","责任优先于权利"以及"个人应服从一个较大的社会群体和它的权威、要求和目标";公民们被期望献身于和致力于"城邦的共同利益";在为城邦的生存或荣誉而战时的勇敢和自我牺牲是至高无上的"美德";当一个人在其公民同胞们的心目中赢得了荣誉和尊敬并受到城邦的集体铭记时,他就实现了生命的意义。[3]但是,古代西方社会中这种只见社会不见个人的状况在文艺复兴和宗教革命后被打破,使个人逐渐凸显出来,成为道德与政治思想的焦

---

[1] 参见姚大志:《何谓正义:当代西方政治哲学研究》,人民出版社2007年版,第364页。

[2] 参见陈弘毅:《权利的兴起:对几种文明的比较研究》,周叶谦译,载《外国法译评》1996年第4期。

[3] 参见陈弘毅:《权利的兴起:对几种文明的比较研究》,周叶谦译,载《外国法译评》1996年第4期。

点。文艺复兴追求人本主义，强调对个人的关怀，促使个人的觉醒；宗教革命打破了禁欲主义对个人的压迫，肯定了个人的欲望，尤其是尼采高呼"上帝死了"之后，个人彻底成了社会的主导。正如国学大师梁漱溟曾明确指出的那样，促使西方个人觉醒的原因主要有二：一是中世纪基督教禁欲主义逼迫人们起来反抗，"爆发出来近代之欲望本位的人生；肯定了欲望，就肯定个人"；二是西方中世纪"过强的集团生活"逼迫人们起来反抗，"反动起来的当然就是个人了"。[1]

随着个人的觉醒以及权利的兴起，在自由主义思想指导下的分配正义自然就体现在人们之间以权利争夺为表现形式的利益争夺。权利话语的兴起，一方面使从"个人的角度"讨论分配正义的问题成为可能，从而改变了以往只强调整体利益的分配正义；另一方面使"权利而非良好的道德品质"成为人们优先关注的对象，而权利语言存在于"不同的道德和宗教世界"里，进而导致在这个世界上不可能再有对"人类存在的主要目标"的"一致看法"。[2]换言之，处于不同道德和宗教世界中的人们都从各自权利的角度出发去对待社会，对待其他人，以追求自身的权利和利益。

在权利观念中，人们最早关注的就是财产权，或者更确切地说是财产所有权。此时的分配正义与财产所有权密切相关，正如洛克曾明确指出的那样，"没有所有权便能无所谓不正义，这是一个与所有欧几里德证明一样确定的命题"。[3]在人们之间分配财产所有权实际上就是个人如何获取财产所有权。但是，

---

[1] 梁漱溟：《中国文化要义》，上海人民出版社2011年版，第89页。
[2] 参见陈弘毅：《权利的兴起：对几种文明的比较研究》，周叶谦译，载《外国法译评》1996年第4期。
[3] 参见[澳]斯蒂芬·巴克勒：《自然法与财产权理论：从格劳秀斯到休谟》，周清林译，法律出版社2014年版，第160页。

古典自由主义早期的财产范围较广，几乎可以涵盖一切对自己有利的东西，不仅包括财物，还包括自由、生命乃至人身关系。不仅霍布斯在《利维坦》中明确将"生命和四肢""夫妇之情""财货与生存方式"作为"所有权事物"加以列举，以至于有学者明确指出"人类的生命和自由乃是他们财产的首要部分"[1]。但是，人的生命、自由这种"财产"是按照什么标准分配的？作为外界事物的财产又是按照什么标准分配的？

很显然，在奴隶社会中，奴隶就是奴隶主的财产，奴隶并不能拥有自己的人身、自由。随着个人的独立和解放，资产阶级启蒙思想家（早期的自然法学家）都把人身、自由赋予每一个人，也即每一个人都平等地享有对自己的人身、自由的权利。因为，在自然状态下，人与人之间本来就是平等的，一个人不可能占有控制另一个人，正如霍布斯所言的那样："自然使人在身心两方面的能力都十分相等，以致有时候某人的体力虽则显然比另一人强，或是脑力比另一人敏捷，但这一切总加在一起，也不会使人与人之间的差别大到使这人能要求获得人家不能像他一样要求的任何利益。"[2]在这种自然状态下，每一个人都有"自我保存"的自然权利，即"每一个人按照自己所愿意的方式运用自己的力量保全自己的天性——也就是保全自己的生命——的自由"。[3]洛克也直言"人类一出生即享有生存权利"。[4]随

---

[1] 参见［澳］斯蒂芬·巴克勒：《自然法与财产权理论：从格劳秀斯到休谟》，周清林译，法律出版社2014年版，第160~161页。

[2] ［英］霍布斯：《利维坦》，黎思复、黎廷弼译，商务印书馆1985年版，第92页。

[3] ［英］霍布斯：《利维坦》，黎思复、黎廷弼译，商务印书馆1985年版，第97页。

[4] ［英］洛克：《政府论》（下篇），叶启芳、瞿菊农译，商务印书馆1964年版，第17页。

着权利话语的进一步发展，财产权逐渐发展成为更为抽象的权利，人们对自己人身、自由等享有的权利也成为人们所享有的更为广泛之权利的一部分。如果按照现代的财产权和人身权的权利分类标准，人们对其人身、自由享有的权利当然属于人身权的范围。所以，人身权在人们之间分配的过程实际上就是奴隶等以前不享有人身权的被压迫的人摆脱了压迫，获得了自由、独立，获得了人身权，这个过程实际上也是压迫者与被压迫者之间进行斗争的过程。这一过程正如有学者所列举的权利扩展过程一样，权利从"英国贵族"逐渐扩展到"美国殖民主义者""奴隶""女人""印第安人""劳动者"和"黑人"的过程实际上就是作为被压迫者的"美国殖民主义者""奴隶""女人""印第安人""劳动者"和"黑人"[1]逐渐与压迫者进行抗争的过程。

被压迫者反抗压迫者以追求与压迫者享有平等的基本人权，这个过程就是基本人权分配正义的实现过程。但是，被压迫者凭什么与压迫者享有同样的基本人权，也即基本人权按照什么标准进行分配呢？自然法学家们把这种标准归为"理性"，认为被压迫者与压迫者一样都具有理性，故他们应当享有同等的权利。但理性究竟是什么，自然法学家们并没有做详细解释，似乎认为理性是"自明的"[2]。但是，这种所谓"自明的"理性并不能准确地确定谁应当享有权利。正因为如此，才有学者根据"理性"标准得出一部分人（如植物人）不享有权利而一部分动物却享有权利的结论，并且进一步指出杀害一个"有权利

---

[1] [美] 纳什：《大自然的权利》，杨通进译，青岛出版社1999年版，第5页。

[2] [意] 登特列夫：《自然法——法律哲学导论》，李日章、梁捷、王利译，新星出版社2008年版，第55页。

的动物"比杀害一个"无权利的人"具有更大的错误。[1]洛马斯基将理性人的普遍特征归为"作为一个谋划者"和"能够理解他人的动机",但这种特征毫无疑问只包括正常的成年人。所以,如果把理性作为现代基本人权的分配基础,则只能从人类整体的角度去理解,从人类与其它动物的区别中去理解,而不能从个体人的角度去理解。在这种意义上,理性"始于思想与说话",使"人类从本能生活中解放出来",使人认识到自己的"错误"并改正。[2]从这个意义上讲,每个人对基本人权的平等分享不是因为其他什么原因,只是因为他是人类的一员而应当得到与其他人一样的尊重和对待。正如有学者所明确指出的那样,"在赋予每个人以人的价值时,我们并没有把什么属性或系列的性质归因于他,而不过是表明一种态度——尊重的态度——就是对每一个人里面的人性的尊重态度。这种态度是自然而然地从以'人的观点'来看待每一个人而产生,但它并不是根据任何比它本身更为终极的东西,而且这种态度显然不是可以用理由来证明的。"[3]所以,基本人权的分配标准实际上就是"人",只要是人,就应当享有基本人权。这种观念与康德所主张的"人只能是目的而不能被当作手段"是一致的。康德认为"人就是目的,不是此意志或彼意志可任意差遣的手段",其原因在于"人是理性动物",因而具有"绝对价值或内在价值",具有"尊严",[4]进而应当享有基本的权利。这种基本人

---

〔1〕 [美]彼得·辛格:《实践伦理学》,刘莘译,东方出版社2005年版,第81~212页。

〔2〕 梁漱溟:《中国文化要义》,上海人民出版社2011年版,第119~121页。

〔3〕 [美]J. 范伯格:《自由、权利和社会正义——现代社会哲学》,王守昌、戴栩译,贵州人民出版社1998年版,第137页。

〔4〕 [美]迈可·桑德尔:《正义:一场思辨之旅》,乐为良译,雅言文化出版股份有限公司2011年版,第137页。

权的普遍性观念得到联合国以及世界各国的认可。如联合国大会通过的《世界人权宣言》第 3 条明确规定"人人有权享有生命、自由和人身安全"。

如果说通过被压迫者的不断抗争最终使得生命、自由、人身安全等基本人权按照"人"的标准进行分配,实现了人格的平等,但是,财产无法按照这一标准进行平均分配。不同的人对财产的占有总是有多有少。其实,人们之间对财产进行分配的过程对个人而言就是其财产权的取得过程,这一过程也是人们之间对财产的相互争夺的过程。但是,人们应当按照什么标准分配财产,或者根据什么理由获取财产,在理论上是一个争论不休的问题,仅在自由主义阵营内就存在不同的观点。

霍布斯主张人们可以任意获取对自己有利的事物,这是人的自然权利的体现。他在《法律要义》中明确指出:"每个人根据自然具有对所有事物的权利,亦即,他爱做什么做什么,按其意愿和能力去占有、使用和享受所有事物。……随之而来的是,所有他做的事情都是正当的。"[1]也就是说,只要是为了实现自我保存,每一个人都有权利去占有任何对自己有利的事物。在这种情况下,对于"每一个人能得到手的东西,在他能保住的时期内"才是"他的",否则就不是他的,这实际上就是"没有财产",没有"你的""我的"之分,人与人之间处于"相互为战的战争状态"。[2]

洛克不赞同霍布斯式的任意,而主张根据人的劳动取得财产所有权。洛克像格劳秀斯、普芬道夫等自然法学家一样,认为世

---

[1] 参见[美]理查德·塔克:《自然权利诸理论:起源与发展》,杨利敏、朱圣刚译,吉林出版集团有限责任公司 2014 年版,第 179~180 页。
[2] [英]霍布斯:《利维坦》,黎思复、黎廷弼译,商务印书馆 1985 年版,第 96 页。

界原初是以"不属于任何特定个人的方式为人类所共有",[1]为人类所利用。他说:"很明显,正如大卫王所说,上帝'把地给了世人',给人类共有";"上帝既将世界给予人类共有,亦给予他们以理性,让他们为了生活和便利的最大好处而加以利用"。[2]但是,人们怎样才能从共有的世界中获得属于自己的财产呢?洛克认为人们通过劳动获得财产权,因为人们对自己的人身拥有所有权,劳动是人身所有权的体现,也应当属于劳动者,即人身的所有者。洛克指出:

> 土地和一切低等动物为一切人所共有,但是每个人对他自己的人身享有一种所有权,除他以外任何人都没有这种权利。他的身体所从事劳动和他的双手所进行的工作,我们可以说,是正当的属于他的。所以,只要他使任何东西脱离自然所提供的和那个东西所处的状态,他就已经掺进他的劳动,在这上面添加他自己所有的某些东西,因而使它成为他的财产。既然是由他来使这件东西脱离自然所安排给它的一般状态,那么在这上面就由他的劳动加上了一些东西,从而排斥了其他人的共同权利。因为,既然劳动是劳动者的无可争议的所有物,那么对于这一所有增益的东西,除他以外就没有人能够享有权利,至少在还留有足够的同样好的东西给其他人所共有的情况下,事情就是如此。[3]

---

[1] 参见[澳]斯蒂芬·巴克勒:《自然法与财产权理论:从格劳秀斯到休谟》,周清林译,法律出版社2014年版,第162页。

[2] 参见[英]洛克:《政府论》(下篇),叶启芳、瞿菊农译,商务印书馆1964年版,第17页。

[3] [英]洛克:《政府论》(下篇),叶启芳、瞿菊农译,商务印书馆1964年版,第18页。

第四章 自由主义分配正义与环境问题根源

人们对自己的劳动享有天然的所有权。当人们将自己的劳动添加到土地和其他外界事物上的时候，该土地和外界事物就自然变成了该劳动者所有的财产了。洛克接着指出："上帝将世界给予全人类所共有时，也命令人们要从事劳动，……为了生活需要而改良土地，从而把属于他的东西即劳动施加于土地之上。谁服从了上帝的命令对土地的任何部分加以开拓、耕耘和播种，他就在上面增加了原来属于他所有的某种东西，这种所有物是旁人无权要求的。"[1]所以，把自然界视为人类的共有财产，而人们通过劳动可以把这种共有财产逐渐转化为自己的私有财产，这种状况实际上就是人们对共有财产的一种争夺过程，也就是对大自然的瓜分过程。如果这个过程不受到限制，那么，随着人口的增长以及科技水平的提高，人们在自利的驱使下，终将把大自然瓜分完毕，以至于后来的人再也无法通过劳动从大自然这种共有财产中获得自己的私有财产。洛克也许已经预见到了自己理论的后果，于是对通过劳动获得私有财产的行为进行了两个方面的限制：

第一，劳动者在通过劳动把共有财产转化为自己的私有财产时要"留有足够好的东西给其他人共有"，这主要得益于在人类早期人口相对较少的情况下自然资源显得过于丰足，并且人们凭借自己的劳力无法占有过多的自然资源。正如洛克所明确指出的那样："事实上并不因为一个人圈用土地而使剩给别人的土地有所减少。这是因为，一个人只要留下足够供别人利用的土地，就如同毫无索取一样。谁都不会因为另一个人喝了水，牛饮地喝了很多，而觉得自己受到损害，因为他尚有一整条同样的河水留给他解渴；而就土地和水来说，因为两者都够用，

---

[1] [英]洛克：《政府论》（下篇），叶启芳、瞿菊农译，商务印书馆1964年版，第18页。

情况是完全相同的。"[1]并且，"没有任何人的劳动能够开拓一切土地或把一切土地划归私用；他的享用也顶多只能消耗一小部分"。[2]

第二，劳动者对自然资源共有财产的占有以满足自己的生活需要为限度，不得超出自己的生活需要而过度占用，否则该物品就不能成为劳动者的私有财产。洛克明确指出："在未把土地划归私用之前，谁尽其所能尽多采集野生果实，尽多杀死、捕捉或驯养野兽，谁以劳动对这些自然的天然产品花费力量来改变自然使他们所处的状态，谁就因此取得了对它们的所有权。但是如果它们在他手里未经适当利用即告毁坏；在他未能消费以前果子腐烂或者鹿肉败坏，他就违反了自然的共同法则，就会受到惩处；……因为当这些东西超过他的必要用途和可能提供给他的生活需要的限度时，他就不再享有权利。"[3]并且，"同样的限度也适用于土地的占有"，"如果在他圈用范围内的草在地上腐烂，或者他所种植的果实因未被采摘和贮存而败坏，这块土地，尽管经他圈用，还是被看作是荒废的，可以为任何其他人所占有"。[4]

所以，洛克的财产所有权取得的上述两个方面限制实际保证了人们对共有财产的有序争夺和适度利用，在人类总人口数还不多的情况下，大自然给人类提供的丰足物品能够满足所有

---

[1] [英]洛克：《政府论》（下篇），叶启芳、瞿菊农译，商务印书馆1964年版，第21页。

[2] [英]洛克：《政府论》（下篇），叶启芳、瞿菊农译，商务印书馆1964年版，第22页。

[3] [英]洛克：《政府论》（下篇），叶启芳、瞿菊农译，商务印书馆1964年版，第24页。

[4] [英]洛克：《政府论》（下篇），叶启芳、瞿菊农译，商务印书馆1964年版，第25页。

人的生活需要。但是令人遗憾的是，财产所有权取得的这两个方面的限制并没有得到人们的普遍遵守。正如卢梭所言，要认可对某块土地最初占有者的权利要满足以下条件："首先，这块土地还不曾有人居住；其次，人们只能占有为维持自己的生存所必须的数量；最后，人们之占有这块土地不能凭一种空洞的仪式，而是要凭劳动与耕耘"，但是，这种"根据需要与劳动授予最初占有者以权利"事实上"已经把这种权利扩展到最大可能的限度"。[1] 在自由主义思想主导下，人们普遍关注的是洛克的通过劳动取得财产所有权的主张，也即人们关注的是如何获得自己的财产。洛克的财产权理论也逐渐演变成了人们如何争夺瓜分自然资源的理论，也即绝对的财产权。

诺齐克是主张绝对财产权的典型代表，因此也被称为"极端自由主义者"。诺齐克的分配正义理论也是关于如何获取财产权的理论。他自己将这种理论称为"资格理论"，其核心是"持有的正义"，即一个人依据什么占有、持有某一财产，也即其如何获得占有、持有某一财产的资格。诺齐克的分配正义理论包括三个方面的内容，即"获取的正义原则""转让的正义原则"和对不正义的"矫正原则"，也即"第一，一个人依据获取的正义原则获取了一个持有物，这个人对这个持有物是有资格的；第二，一个人依据转让的正义原则从另一个有资格拥有该持有物的人那里获取了一个持有物，这个人对这个持有物是有资格的；第三，除非通过第一和第二的（重复）应用，否则任何人对一个持有物都是没有资格的"，简言之就是"如果每一个人对该分配中的持有都是有资格的，那么一种分配就是正义的"。[2]

---

[1] [法] 卢梭：《社会契约论》，何兆武译，商务印书馆2003年版，第28页。
[2] [美] 罗伯特·诺齐克：《无政府、国家和乌托邦》，姚大志译，中国社会科学出版社2008年版，第180~181页。

所以，在诺齐克看来，一个人对某物的持有如果符合了这三个正义原则，则其对该持有物就拥有权利。进而，诺齐克提出了其分配正义的一般纲领，即"如果一个人根据获取和转让的正义原则或者根据不正义的矫正原则（由头两个原则所规定的）对其持有是有资格的，那么他的持有就是正义的；如果每一个人的持有都是正义的，那么持有的总体（分配）就是正义的"。[1]

诺齐克分配正义的一般纲领表明了该分配正义理论不同于其他分配正义理论的两个特点，同时也是资格理论的两个优点，即分配正义的资格理论是"历史的"和"非模式化的"。诺齐克指出，"一种分配是否正义依赖于它是如何发生的"，而不是看眼前的分配结果。过去的状况和人们的行为能够产生对事物的不同权利或不同应得。与之相反，分配正义的"即时原则"主张分配正义是由"东西如何分配决定的，其对此的判断则是由某种分配正义的结构原则做出的"，而不考虑分配是如何发生的。例如，在即时原则下，A 分得 5 份、B 分得 10 份与 B 分得 5 份、A 分得 10 份在分配结构上是相同的，从而具有同样的正义效果。但是，如果考虑历史因素，则该两种具有同样结构的分配可能具有不同的正义效果。如果 A 是一名工人，B 是一名罪犯，则 A 分得 5 份、B 分得 10 份很明显是不正义的。所以，在诺齐克看来，"由一种分配变成另外一种具有相同结构的分配，这也可能造成不正义，因为第二种分配尽管外形相同，但可能侵犯人们的资格或应得。它可能不符合实际的历史"。[2]

分配正义的资格理论是"非模式化的"，其与"模式化"

---

[1] [美] 罗伯特·诺齐克：《无政府、国家和乌托邦》，姚大志译，中国社会科学出版社 2008 年版，第 183~184 页。

[2] [美] 罗伯特·诺齐克：《无政府、国家和乌托邦》，姚大志译，中国社会科学出版社 2008 年版，第 184~186 页。

的分配相对应。模式化的分配原则规定分配随着某种"自然维度""自然维度的权重总和"或"自然维度的词典式序列"的变化,这些自然维度包括一个人的"道德功绩、需要、边际产品、努力程度,或者前面各项的权重总和",其任务就是在"按照每个人的＿＿＿给予每个人"中填空。但是,资格理论中的资格体系是由"这些个人交易的个人目标所构成","不需要任何核心目标,也不需要任何分配模式"。其实,"没有任何一种自然维度、一些自然维度的权重总和或联合能够产生出按照资格原则所得出的分配",诺齐克指出,"一些人收到了他们的边际产品,一些人在赌博时赢了,一些人得到了其配偶收入的一部分,一些人收到了基金会的赠送,一些人收到了贷款的利息,一些人收到了崇拜者的礼物,一些人收到了投资的回报,一些人从他们拥有的东西中挣了很多,一些人找到了一些东西,等等,在这个时候,所产生的持有状态压根不是模式化的"。[1]每一种情形都是一种不同的分配模式,各种不同的分配模式决定着不同的分配,但是并不存在一种统一的模式来决定所有的分配。也就是说,每一种持有都可能用某种分配模式来解释,但任何一种模式都不可能解释所有的分配和持有。这种分配的模式多样化其实也就是非模式化。

但是,什么样的获取才是有资格的获取,什么样的转让才是有资格的转让呢?其实,世上的物品要么是有主物,要么是无主物。获取有主物的过程实际上就是转让,所以,诺齐克所指的有资格的获取和洛克一样,都是指对无主物的获取。诺齐克尽管在总体上赞同洛克的通过劳动获得财产所有权的理论,但他对该理论存在诸多疑问和不同看法。诺齐克认为,洛克把

---

[1] [美]罗伯特·诺齐克:《无政府、国家和乌托邦》,姚大志译,中国社会科学出版社2008年版,第186~191页。

对无主物的所有权看作是某个人把他的劳动与无主物相混合而产生的，但是劳动与之混合的东西的边界在哪里？如果一位私人宇航员在火星上扫清一块地方，那么他使他的劳动与之混合的是整个火星，是整个无人居住的宇宙，还仅仅是一小块特殊的地方？很显然，围绕一块地域修建一道栅栏，大概只能使一个人成为这道栅栏（以及它下面紧接着的土地）的所有者。诺齐克进一步追问，把我拥有大的东西与我并不拥有的东西混合在一起，为什么不是我失去我所拥有的东西而是我得到了我并不拥有的东西？很显然，如果把我拥有的番茄汁倒进大海，其结果并不是我拥有整个大海，而是我愚蠢地浪费了番茄汁。因此，对于通过劳动获得财产所有权，诺齐克建议这样解释，即"施于某物的劳动使它得到了改善，使它更有价值了；任何人在一个物上面创造了价值，他就有资格拥有这个物"。[1]

如果世界上的无主物有足够多，则通过劳动获取财产所有权的理论是没有问题的。但问题是世界上的任何物质都不是无限的，某人通过劳动拥有某一物质必然会影响其他人的处境，从而违反了洛克的通过劳动获取财产权的限制条件，进而使劳动获得的财产权不成立。在上文我们已经论述过洛克的财产权取得理论的两个限制条件，即"留有足够的和同样好的东西给其他人共有"和"以满足生活必须为限"。诺齐克认为，如果前一个条件得到满足，后一个条件就没有任何存在的理由了。换言之，诺齐克只承认洛克财产权获取理论的第一个限制条件，即通过劳动获得财产权的前提就是"留有足够的和同样好的东西给其他人共有"，也即某人对某物的占有不会使其他人的处境更坏。但是，诺齐克认为某人对无主物的占有可以通过两种方

---

[1] [美]罗伯特·诺齐克：《无政府、国家和乌托邦》，姚大志译，中国社会科学出版社2008年版，第208~209页。

式使其他人的处境变坏：一是使其他人失去通过任何一种特殊的占有来改善自己处境的机会；二是使其他人不再能够使用（若无占有）他以前能够使用的东西。如果采取"更严格的"解释，则两种占有都应被禁止，因为这两种占有都会使其他人的处境更坏；如果采取"更弱的"解释，则第一种占有可以被允许，因为尽管该占有使其他人的选择机会减少了，但其他人可以通过别的途径来改善自己的处境，或者占有人通过占有给其他人提供别的机会，使其他人的处境不会更坏。[1]在诺齐克看来，任何一种获取的正义理论都会包含"更弱"解释的限制，但是，只要占有者给予其他人适当的补偿以使他们的处境不至于变坏，他就可以占有。[2]其实，这种"更弱"解释的限制几乎没有限制任何占有，[3]除非在"灾难场合（或者一种沙漠——孤岛处境）"。[4]也就是说，只要是在正常的社会环境中，几乎没有什么占有是被禁止的，即使是在"某人占有某种生活必需品的全部供应"的情况下，这种占有也是被允许的。[5]

随着人类社会的发展，人们对自然界的占有范围也越来越广。世界上能够供人们占有的无主物也越来越少。人们的财产一般都是通过换让和交换获得的。所以，对于诺齐克的财产权理论而言，最重要的并不是获取的正义原则，而是转让的正义

---

[1] [美]罗伯特·诺齐克：《无政府、国家和乌托邦》，姚大志译，中国社会科学出版社2008年版，第211页。

[2] [美]罗伯特·诺齐克：《无政府、国家和乌托邦》，姚大志译，中国社会科学出版社2008年版，第213页。

[3] 参见姚大志：《何谓正义：当代西方政治哲学研究》，人民出版社2007年版，第87页。

[4] [美]罗伯特·诺齐克：《无政府、国家和乌托邦》，姚大志译，中国社会科学出版社2008年版，第216页。

[5] [美]罗伯特·诺齐克：《无政府、国家和乌托邦》，姚大志译，中国社会科学出版社2008年版，第214~217页。

原则。什么样的转让才是正义的？在诺齐克看来，"自愿"的转让才是正义的，否则都是不正义的。至于什么样的转让才是"自愿"的转让，诺齐克用一句话概括就是"从愿给者得来，按被选者去给"，也即"从每个愿意给出者那里得来，按照每个人的所做给予，即按照他为自己做了什么（也许伴有别人的契约式合作）和别人愿意为他做什么，以及愿意在其先前已经得到（按照这个格言）并且还没有消费掉或转让掉的东西中给他什么"。[1]转让也就是交换。自愿的转让是在交换双方自愿的基础上实现的，不违反任何一方的真实意思。交换双方各取所需，各得其所，实现各自利益的最大化。这种自愿的交换不仅把盗窃、抢占、行骗等行为排除在转让的正义原则之外，而且还把政府的强制分配行为排除在外。总之，在诺齐克看来，财产的转让只有在交换双方自愿的情况下才是正义的，否则都是不正义的。这种自愿的交换实际上也是自由交换，也正是这种自由交换才打破了分配正义的"模式化"，从而形成强调不同个人之诸多目标的"非模式化"的分配正义。

与洛克和诺齐克强调权利不可侵犯的正义理论不同，罗尔斯强调的是平等的正义。罗尔斯正义理论的集中表述就是其两个正义原则：一是平等原则，即"每个人对与其他人所拥有的最广泛的基本自由体系相容的类似自由体系都应有一种平等的权利"；二是差别原则，即"社会的和经济的不平等应这样安排，使它们①被合理地期望适合于每一个人的利益；并且②依据其地位和职务向所有人开放"。[2]第一个正义原则所分配的是

---

[1] [美] 罗伯特·诺齐克：《无政府、国家和乌托邦》，姚大志译，中国社会科学出版社2008年版，第191~192页。

[2] [美] 约翰·罗尔斯：《正义论》，何怀宏、何包钢、廖申白译，中国社会科学出版社1988年版，第60~61页。

人们的基本自由权利,大致包括"政治上的自由及言论和集会自由;良心上的自由和思想自由;个人的自由和保障个人财产的权利;依法不受任意逮捕和剥夺财产的自由",这些自由对所有人都一律平等,每一个公民都应拥有同样的基本权利;第二个正义原则适用于"收入和财富的分配,以及对那些利用权力、责任方面的不相等或权力链条上的差距的组织机构的设计"。[1]换言之,在罗尔斯看来,正义就意味着平等。对于能够平等分配的东西都要平等分配,如基本权利和自由等。对于不能够平等分配的东西,也要尽力保证平等分配,如财富和机会等。但是,罗尔斯所强调的权利平等是一种形式平等。虽然人们享有平等的权利和自由,但由于人的天赋能力、家庭出身等一些"偶然"因素的影响,人们之间实际上会得到不平等的结果。在罗尔斯看来,这种由偶然因素导致的不平等结果在道德上不是应得的。没有人可以合理地声称自己应该出身在比别人更加良好的家庭,也没有人可以合理地声称自己应该比别人的天赋更好,更没有人可以合理地声称自己应该比别人更加幸运。相反,良好的家庭出身、卓越的自然天赋、幸运等偶然因素都是一种全社会共有财产,由此所产生的财富也应当为全社会共有,而不是由幸运者所专有。对于由权利平等所带来的不平等后果,罗尔斯既不采取听之任之的绝对自由主义态度,也不采取绝对平等的平均主义态度,而是采取一种"民主的平等"态度,即允许财富的分配存在一定的不平等,但这种不平等分配必须满足一定的前提条件,即对每一个人都有利。

罗尔斯表面上要求财富的不平等分配要对每一个人都有利,但他凭直觉感觉到,社会中的不平等强烈地体现在那些处于社

---

[1] 参见[美]约翰·罗尔斯:《正义论》,何怀宏、何包钢、廖申白译,中国社会科学出版社1988年版,第61页。

会最底层的人们,即社会中的"最不利者",他们拥有最少的权力和机会、收入和财富。一个正义的社会制度需要通过各种安排来改善这些"最不利者"的社会处境。因此,对财富的不平等分配只有最大程度地增加最不利者的利益才是正义的。[1]至于人们为什么会普遍同意这种差异原则,关键在于罗尔斯对"原初状态"的假设。因为在原初状态,人们都被"无知之幕"遮挡,不清楚自己身份、天赋等。在这种状态下,每一个人都有可能成为社会的最不利者。所以,为了自己的利益着想,人们会普遍选择对社会最不利者有利的不平等分配。

所以,在自由主义阵营内,不同学者对财富的分配持有不同的观点,有的强调权利,有的强调平等,尽管如此,自由主义分配正义所体现的核心思想却是一致的,即众多自利的个体从各自利益最大化的角度出发对有限财产进行争夺。如果把这种自利的个体抽象为一个"人"的理论模型,则该理论模型就是"经济人"。他们会思考,精于计算,具有理性,努力为自己利益的最大化服务。故该理论模型展示的实际上就是"分散单一的个体互相争夺有限的资源"。[2]这一点也可以从自由主义分配正义赖以存在的前提条件中看出。

自由主义分配正义赖以存在的前提条件实际上也就是学者所言的"正义的环境",即保证正义存在的各项必要条件。对自由主义分配正义赖以存在的前提条件的最早论述,学界一般都归源于休谟。

休谟在《人性论》中指出,正义不是"自然的",而是

---

[1] 参见姚大志:《何谓正义:当代西方政治哲学研究》,人民出版社2007年版,第32页。

[2] [美]约翰·贝拉米·福斯特:《生态危机与资本主义》,耿建新、宋兴无译,上海译文出版社2006年版,第46页。

"人为的",是人们需要合作并保护自己的合作成果的一种努力,也即正义源于"人类协议",而这些协议是为了弥补人类心灵的"某种品质"与外物"情况"结合起来的某种"不便";而人类心灵的品质就是"自私与有限慷慨",外物情况就是"容易转移"且与人类的需要和欲望相比显得"稀少"。[1]如果把"自然的恩赐增加到足够的程度",则正义就"归于无用";正是由于我们的所有物比起我们的需要而言显得稀少,才激起了"自私",为了限制自私,人类才把自己的财物与他人的财物区分开来,产生了正义。[2]所以,正义"只起源于人的自私和有限的慷慨以及自然为满足人类需要所准备的稀少的供应"。[3]

在《道德原则研究》中,休谟进一步指出:"生产或者极端丰足或者极端必须,根植于人类胸怀中的或者是完全的温良和人道,或者是完全的贪婪和恶毒,即通过使正义变成完全无用的,则你们由此就完全摧毁它的本质,中止他所加予人类的责任。"[4]也就是休谟本人所明确指出的在下列几种极端的情况下,正义是无用的:第一种是外界物品极端丰足的情况,即"大自然把所有外在的便利条件如此慷慨丰足地赠予了人类,以致没有任何不确定的事件,也不需我们的任何关怀和勤奋,每一单个人都发现不论他最贪婪的嗜欲能够要求什么或最奢豪的想象力能够希望或欲求什么都会得到充分的满足"。[5]第二种是外界物品极端匮乏的情况,即"一个社会陷入所有日常必需品都如此匮乏,以致极度的省俭和勤奋也不能维持使大量的人免

---

[1] [英]休谟:《人性论》,关文运译,商务印书馆1980年版,第534~535页。
[2] [英]休谟:《人性论》,关文运译,商务印书馆1980年版,第535页。
[3] [英]休谟:《人性论》,关文运译,商务印书馆1980年版,第536页。
[4] [英]休谟:《道德原则研究》,曾晓平译,商务印书馆2001年版,第39页。
[5] [英]休谟:《道德原则研究》,曾晓平译,商务印书馆2001年版,第35页。

于死亡和使整个社会免于极端的苦难的状态中"。[1]第三种情况是人们极度的慷慨和大公无私，即"人类的心灵充满友谊和慷慨，以致人人都极端温情地对待每一个人，像关心自己的利益一样关心同胞的利益"。[2]第四种情况是人们极度的贪婪和自私，如陷入一个"远离法律和政府保护的匪寇社会中"一样，到处充满"贪婪的抢夺、如此漠视公道、如此轻蔑秩序……以致于必定以大部分的毁灭而告终"，此时，对"正义的尊重不再对他自己的安全或别人的安全有用"，必须援引"独自自我保存的命令，不关怀那些不再值得他关心和注意的人"。[3]所以，在古典诗人所描述的黄金时代不存在正义概念。因为，在那个时代，大自然为人类提供了应有尽有的美物，并且在人类心灵中只有"挚爱、怜悯、同情"而不存在"贪婪、野心、残忍和自私"，甚至"我的和你的这种不容混淆的区别也被排除在那个尘世的幸福种族之外，而与之一道被排除的正是所有权和责任、正义和不正义等概念"。[4]

此外，由于休谟眼中的正义作为一种人为的设计，调整的是"单个人与单个人之间的所有权关系"，[5]双方的力量越是平等，达成并且遵守正义规则的动机就越强烈，所以，在双方力量"极端不平等"的情况下，正义便是"多余的赘物"。[6]正如休谟在下面这段话中所明确指出的那样：

---

[1] [英]休谟：《道德原则研究》，曾晓平译，商务印书馆2001年版，第38页。
[2] [英]休谟：《道德原则研究》，曾晓平译，商务印书馆2001年版，第36页。
[3] [英]休谟：《道德原则研究》，曾晓平译，商务印书馆2001年版，第38~39页。
[4] [英]休谟：《道德原则研究》，曾晓平译，商务印书馆2001年版，第38~40页。
[5] [英]休谟：《道德原则研究》，曾晓平译，商务印书馆2001年版，第11页。
[6] [英]布莱恩·巴里：《正义诸理论》，孙晓春、曹海军译，吉林人民出版社2004年版，第204页。

第四章 自由主义分配正义与环境问题根源

如果有这样一种与人类杂然相处的被造物，它们虽有理性，却在身体和心灵两个方面具有如此低微的力量，以致于没有能力作任何抵抗，对于我们施予的最严重的挑衅也绝不能使我们感受到它们的愤恨的效果；……我们与它们的交往不能称为社会，社会假定了一定程度的平等，而这里却是一方绝对命令，另一方奴隶般地服从。凡是我们觊觎的东西，它们必须立即拱手放弃；我们的许可是它们用以保持它们的占有物的唯一根据；我们的同情和仁慈是它们用以勒制我们的无法无规的意志的唯一牵制；正如对大自然所如此坚定地确立的一种力量的运用决不产生任何不便一样，正义和所有权的限制如果是完全无用的，就决不会出现在如此不平等的一个联盟中。[1]

也就是说，正义不是在强者和弱者之间形成的，而是在力量相对平等的双方之间形成的，因为强者根本不需要正义来限制自己的利己追求。

休谟对正义的环境的论述为自由主义正义理论者所接受，并将其归结为三个方面，即"适度匮乏条件""适度利己条件"和"平等条件"。[2]罗尔斯在其《正义论》中也明确指出，其所探讨的正义的环境也是"遵循"休谟的相关论述，其对休谟的讨论并没有增加什么重要的东西。为了简化起见，罗尔斯强调了客观环境中的"中等匮乏条件"和主观环境中的"相互冷淡或对别人利益的不感兴趣条件"，这样就可以简要地说，"只要相互冷淡的人们对中等匮乏条件下社会利益的划分提出了互相冲突的要求，正义的环境就算达到了"；除非正义的环境存

---

[1] [英]休谟：《道德原则研究》，曾晓平译，商务印书馆2001年版，第42页。
[2] [英]布莱恩·巴里：《正义诸理论》，孙晓春、曹海军译，吉林人民出版社2004年版，第194~207页。

在，否则就不会有"任何适合于正义德性的机会"，就像"没有损害生命和肢体的危险，就不会有在体力上表现勇敢的机会一样"。[1]所以，正义是在正义的环境下产生的，用以保障人们在利益分配上达到合理、公平。如果正义的环境不存在，正义也就不会存在。

在分配正义存在的前提条件中，我们可以进一步清楚地看出自由主义分配正义在本质上就是个体之间对有限资源和财富的一种争夺。正义的环境毫不隐瞒地给我们展示了这样一幅"生动"的正义场面：一群自私的人忙于对财富的创造、争夺并在分配上达成妥协，目的是实现个人利益的最大化。在这个环境中，人们既需要合作，又存在冲突。原因在于：合作对每一个人都有好处，甚至是对每一个人都是必需的；但是，不同的合作者在生活目标、兴趣爱好等方面不尽相同，对合作结果的分配存在冲突和矛盾。谁也不可能对别人取得较大份额的合作结果无动于衷，于是就在相互争夺的基础上对合作结果的分配达成妥协。首先，自由主义正义是个体之间的正义，表现的是个体之间在你争我夺基础上的妥协。正如休谟本人所指出的那样，正义旨在调整的是"单个人和单个人之间的"所有权关系。其次，"自私是建立正义的原始动机"，[2]如果没有"我的"和"你的"这个区别，那么，"正义和非义等概念也就随之而不存在"[3]。自私的人们具有有限理性，以增大自己的财富为目的。最后，为了实现个人财富的最大化，自私的人们在其有限理性的指导下去努力创造财富、争夺财富，以至实现人们之间的妥协。

---

[1] 参见［美］约翰·罗尔斯：《正义论》，何怀宏、何包钢、廖申白译，中国社会科学出版社1988年版，第126-127页。
[2] ［英］大卫·休谟：《人性论》，关文运译，商务印书馆1980年版，第540页。
[3] ［英］大卫·休谟：《人性论》，关文运译，商务印书馆1980年版，第534页。

第四章　自由主义分配正义与环境问题根源

处在正义环境中的人们为了各自的利益必然根据各自的优势而相互争夺，但又不至于达到使大家"同归于尽"的下场，而是实现一种你好、我好、他也好的"完美"结局。[1]部分学者所主张的能力正义实际上并不是什么新型的正义，而是为了增强自由主义分配正义中弱势一方的争夺能力，从而更好地使双方实现争夺结果的平等。

如果我们将视野转向人与自然之间的关系，则自由主义分配正义展示的是斗志昂扬的人们联合起来挥舞工具向大自然进军的场景，它鼓励人们对自然进行掠夺式开发和利用，以求获得个人财富的最大化。这种正义虽然在一定程度上满足了人们的物欲，给社会带来了丰富的物质财富，使人类避免经历饿殍满地、白骨露于野的悲惨遭遇，但其必然结果就是使自然环境越来越不适于人类生存，全球性环境危机的爆发对此作了一个再好不过的注脚。[2]所以，自由主义分配正义在某种程度上正是现代环境危机的根源，在本质上属于自由主义分配正义的现存环境正义理论不仅无法实现保护环境的目的，反而与环境保护的要求相悖。

---

[1]　参见刘卫先：《环境正义新探——以自由主义正义理论的局限性和环境保护为视角》，载《南京大学法律评论》2011年第2期。
[2]　参见刘卫先：《环境正义新探——以自由主义正义理论的局限性和环境保护为视角》，载《南京大学法律评论》2011年第2期。

· 119 ·

第五章
整体主义正义及其环境保护意义

自由主义分配正义追求的是个人的利益,是个体与个体之间的对财产进行争夺和分配的一种正义,其调整的是个体与个体之间的关系,在本质上属于个体主义正义。与之相反,整体主义正义调整的是个体与其所在集体(共同体)之间的关系,追求的是集体(共同体)的利益,而非个体成员的私人利益。在整体主义正义理论的阵营中,我们主要考察古希腊柏拉图及亚里士多德的正义理论、功利主义正义理论、马克思主义正义理论和社群主义正义理论,进而指出整体主义正义理论与现代环境保护之间的理论联系。

一、追求城邦利益的整体主义正义理论

柏拉图是古希腊时期第一位对正义理论加以系统论述的哲学家,其对正义理论的论述集中体现在以对话形式表现出来的《理想国》一书中。在古希腊时期,人们(学者们)对正义理论已早有关注,并且在社会上流行多种世俗的正义理论。在《理想国》一书中,柏拉图以苏格拉底的名义,从驳斥当时各种流行的世俗正义理论开始,逐步深入、展开自己的正义理论。

柏拉图所驳斥的第一种世俗正义理论是以克法洛斯和玻勒马霍斯父子为代表的私利性正义,即有话实说和欠债还债。在

《理想国》的开篇部分,苏格拉底就直接表达出对私利的反对,指出:"像诗人爱自己的诗篇,父母爱自己的儿女一样,赚钱者爱自己的钱财,不单是因为钱有用,而是因为钱是他们自己的产品。这种人真讨厌。"[1]但克法洛斯对此却不以为然,认为钱财可以防止人们实施不正义,指出:"好人有了钱财他就用不着存心作假或不得已而骗人了。当他要到另一世界去的时候,他也就用不着为亏欠了神的祭品和人的债务而心惊胆战了。"[2]言外之意,克法洛斯是指正义就是"有话实说,有债照还"。[3]苏格拉底对此直接反驳道:"你有个朋友在头脑清醒的时候,曾经把武器交给你;假如后来他疯了,再跟你要回去;任何人都会说不能还给他。如果竟还给了他,那倒是不正义的。对疯子说实话也是不正义的。"[4]也就是说,苏格拉底认为,"有话实说、有债照还"并不是正义的定义。接着,克法洛斯把正义的探讨留给了他的儿子玻勒马霍斯。玻勒马霍斯并没有提到其父亲的"有话实说",只保留了其"有债照还"的正义,也即"正义就是欠债还债"或者"就是给每个人以恰如其分的报答",[5]或者按照西蒙尼得的意思就是"把善给予友人,把恶给予敌人"[6]。苏格拉底通过论证反驳道,假如正义果真如此,则"正义似乎是偷窃一类的东西,不过这种偷窃是为了以善报友,以恶报敌才干的",但是"对于那些不识好歹的人来说,伤害他们的朋友,帮助他们的敌人反而是正义的——因为他们的若干朋友是坏人,若干敌人是好人",这正好与"西蒙尼得的意

---

[1] [古希腊] 柏拉图:《理想国》,张竹明译,译林出版社2012年版,第4页。
[2] [古希腊] 柏拉图:《理想国》,张竹明译,译林出版社2012年版,第5页。
[3] [古希腊] 柏拉图:《理想国》,张竹明译,译林出版社2012年版,第5页。
[4] [古希腊] 柏拉图:《理想国》,张竹明译,译林出版社2012年版,第6页。
[5] [古希腊] 柏拉图:《理想国》,张竹明译,译林出版社2012年版,第7页。
[6] [古希腊] 柏拉图:《理想国》,张竹明译,译林出版社2012年版,第7页。

思相反了"。所以，苏格拉底最后指出，"正义就是还债，而所谓的'还债'就是伤害他的敌人，帮助他的朋友"这种"正义的定义不能成立"，因为"伤害任何人无论如何总是不正义的"。[1]

柏拉图所驳斥的第二种世俗正义理论是以色拉叙马霍斯为代表的私利性正义理论，即正义就是强者的利益。色拉叙马霍斯开始时认为强者就是"政府"，强者的利益就是"正在掌权的政府的利益"，指出"在任何国家里，所谓正义就是已经建立起来的，当时正在掌权的政府的利益。……不管在什么地方，正义就是强者的利益"，因为"每一种政府都制定对统治者有利的法律"，并且通过法律告诉大家，"凡是对政府有利的对百姓就是正义的；谁不遵守，他就有违法和不正义之名"。[2]苏格拉底对此的反驳是，统治者并不是在所有的时候都是正确的，他有时也会犯错误，也会制定错误的法律，而错误的法律对统治者是不利的，所以正义并非强者的利益。也即"强者有时候会命令弱者——就是被统治者——去做对强者自己不利的事情"，照此看来，"正义是强者的利益，也可能是强者的损害"。[3]面对苏格拉底的反驳，色拉叙马霍斯只好把强者作最严格的限定，即真正的强者是不犯错误的。色拉叙马霍斯指出："统治者真是统治者的时候，是没有错误的，他总是制定出对自己最有利的法，叫老百姓照办。"在这里，色拉叙马霍斯对统治者的理解实际上是从"力量"转向了"知识和技艺"，因为"力量"不可

---

[1] [古希腊]柏拉图：《理想国》，张竹明译，译林出版社2012年版，第11~13页。

[2] [古希腊]柏拉图：《理想国》，张竹明译，译林出版社2012年版，第17页。

[3] [古希腊]柏拉图：《理想国》，张竹明译，译林出版社2012年版，第18~19页。

能永远正确，只有知识和技艺才能永远正确。[1]但是，"任何技艺都不是为了它本身的"利益，而只是为"它的对象服务的"，"没有一门科学或技艺是只顾到寻求强者的利益而不顾及它所支配的弱者的利益的"，就像舵手和医生一样，"一个统治者，当他是统治者的时候，他不能只顾自己的利益而不顾属下老百姓的利益，他的一言一行都为了老百姓的利益"。[2]

柏拉图所驳斥的第三种世俗正义理论是以格劳孔兄弟为代表的一种私利性正义，即正义是人们出于自我保护的需要而被迫达成的一种妥协，是最好与最坏的"折中"。通过在《理想国》第一卷中批驳正义是"实话实说、欠债还债"和正义是"强者的利益"，柏拉图并没有达到其所想要的结果，并不知道什么是正义，正如他在第一卷末尾通过苏格拉底的话语表述道："现在到头来，在这场讨论中我是一无所获。因为我既然不知道什么是正义，也就无法知道正义是不是一种美德，也就无法知道拥有正义的人是痛苦还是快乐。"[3]所以，柏拉图需要继续探讨何为正义的问题。在最后回答这个问题之前，柏拉图还必须继续清扫理论上的障碍，那就是以格劳孔兄弟为代表的私利性正义理论。在第二卷一开篇，格劳孔就抛出来三种"善"：一是"我们乐意要它，只是要它本身，而不是要它的后果，比方像欢乐和无害的娱乐"；二是"我们之所以爱它，既为了它本身，又为了它的后果，比如头脑聪明，视力好，身体健康"；三是"我们爱它并不是为了它们本身，而是为了报酬和其他种种随之而

---

[1] Allan Bloom, "Interpretive Essay", *The Republic of Plato*, New York, 1968, p. 328，转引自王玉峰：《城邦的正义与灵魂的正义——对柏拉图〈理想国〉的一种批判性分析》，北京大学出版社2009年版，第23页。

[2] [古希腊]柏拉图：《理想国》，张竹明译，译林出版社2012年版，第22~23页。

[3] [古希腊]柏拉图：《理想国》，张竹明译，译林出版社2012年版，第38页。

来的利益",如"赚钱之术"。[1]苏格拉底认为"正义属于最好的一种"善,即"既为了它本身,又为了它的后果"。但格劳孔认为一般社会大众可不这么想,而是认为"正义是一种苦事",人们被迫去干,不是为了正义本身,而是"图它的名和利","至于正义本身,人们是害怕的,想尽量回避的"。[2]之所以如此,主要理由在于,从本质上看,正义是人们为避免损害而被迫达成的妥协,是"最好与最坏的折中"。格劳孔指出:

> 作不正义事是利,遭受不正义是害。遭受不正义所得的害超过干不正义所得的利。所以人们在彼此交往中既尝到过干不正义的甜头,又尝到过遭受不正义的苦头。两种味道都尝到了之后,那些不能专尝甜头不吃苦头的人,觉得最好大家成立契约:既不要得不正义之惠,也不要吃不正义之亏。打这时候起,人们开始订法律立契约。他们把守法践约叫合法的、正义的。这就是正义的本质和起源。正义的本质就是最好与最坏的折中——所谓最好,就是干了坏事而不受罚;所谓最坏,就是受了伤害而没法报复。人们说,既然正义是两者之折中,它之为大家所接受和赞成,就不是因为它本身真正善,而是因为这些人没有力量去干不正义,一个真正有力量作恶的人绝不会愿意和别人订什么契约,答应既不害人也不受害——除非他疯了。[3]

所以,在格劳孔看来,社会大众之所以接受正义,并不是因为正义本身就是善,而是他们没有力量去干不正义,进而害怕遭受不正义的伤害。"那些做正义事的人并不是出于心甘情愿,

---

[1] [古希腊] 柏拉图:《理想国》,张竹明译,译林出版社2012年版,第39页。
[2] [古希腊] 柏拉图:《理想国》,张竹明译,译林出版社2012年版,第40页。
[3] [古希腊] 柏拉图:《理想国》,张竹明译,译林出版社2012年版,第41页。

而仅仅是因为没有本领作恶。"[1]正是在这个意义上,才有学者将格劳孔的正义理论称为"弱者的恐惧"。[2]假如一个人干不正义之事而不能被发现,不会遭受报复,则在这种情况下,即使是正义之人也会去做不正义的事。格劳孔指出,如果一个人"在市场里不用害怕,要什么就随便拿什么,能随意穿门越户,能随意调戏妇女,能随意杀人劫狱,总之能像全能的神一样,随心所欲行动的话",在这种情况下,这个人的行为就会与"不正义的人一模一样没有分别了",因此,"没有人把正义当成是对自己的好事,心甘情愿去实行,做正义事是勉强的"。[3]进而格劳孔认为,不正义之人总比正义之人幸福,尤其是在不正义之人拥有财富、权势和正义之名,且正义之人因坚守正义而遭受各种迫害和痛苦时,情况更是一目了然:"诸神也罢,众人也罢,他们给不正义者安排的生活要比给正义者安排的好得多。"[4]

格劳孔的兄弟阿德曼托斯支持格劳孔的观点,坚持认为不正义的人比正义的人幸福。阿德曼托斯指出,从人们的普遍看法和言说中可以看得很清楚,即"如果我做一个正义者,对我没有任何好处,只有劳累和损失,除非我也能得到正义之名。反之,如果我不正义却能挣得正义者之名,他们说,我就能过上神一般的幸福生活"。[5]也就是说,人们看重的是正义之名,是正义能够给人们带来的利益和好处,而不是正义本身;正义

---

[1] [古希腊] 柏拉图:《理想国》,张竹明译,译林出版社2012年版,第41页。
[2] 王玉峰:《城邦的正义与灵魂的正义——对柏拉图〈理想国〉的一种批判性分析》,北京大学出版社2009年版,第25页。
[3] [古希腊] 柏拉图:《理想国》,张竹明译,译林出版社2012年版,第42页。
[4] [古希腊] 柏拉图:《理想国》,张竹明译,译林出版社2012年版,第43~44页。
[5] [古希腊] 柏拉图:《理想国》,张竹明译,译林出版社2012年版,第47页。

本身没有人向往。阿德曼托斯最后指出：

> 从言论载入史册的古代英雄起，一直到当代的普通人，没有一个人真正歌颂正义，谴责不正义；就是肯歌颂正义或谴责不正义，也无非关系着名声、荣誉和由此带来的好处。至于正义或不正义本身是什么？它们的力量何在？它们在人的心灵上，在神不知人不见的时候起什么作用？在诗歌里或者私下谈话里，都没有人好好地描述过，没有人曾经指出过，不正义是心灵最大的恶，正义是心灵最大的善。[1]

在此，阿德曼托斯不仅仅是赞扬了正义之名和不正义之实，更是把讨论的问题拉回到柏拉图想要解决的问题上来，即什么是正义？柏拉图也是在对格劳孔兄弟的正义观点进行批驳的过程中提出了自己的正义理论。

其实，柏拉图在反驳色拉叙马霍斯的正义理论时就已经在一定程度上揭示了其所主张的正义理论。他指出，"一个城邦，或者一支军队，或者一伙盗贼，或者任何团体"，"如果彼此相处毫无正义"，则他们即使"想做违背正义的事"也无法成功，原因在于"不正义使他们分裂、仇恨、争斗，而正义使他们友好、和谐"，所以，"无论在国家、家庭、军队或者任何团体里面"，不正义一旦出现，"首先使人们不能一致行动，其次使人们自己彼此为敌"。[2]在此，柏拉图似乎指出了正义在于团体内部的和谐，故此有学者也指出柏拉图的正义论是"和谐正义论"[3]。但是，这种内部和谐只是柏拉图正义理论的一种表面，不是其本

---

[1]［古希腊］柏拉图：《理想国》，张竹明译，译林出版社2012年版，第49页。
[2]［古希腊］柏拉图：《理想国》，张竹明译，译林出版社2012年版，第34页。
[3] 王淑芹、曹义孙：《柏拉图与亚里士多德正义观之辨析》，载《哲学动态》2008年第10期。

质。柏拉图的正义理论追求的是整体的利益,是一种"整体主义的正义理论"。[1]整体内部的和谐是实现整体利益的必要前提之一。

柏拉图将其整体主义正义理论分为"城邦的正义"和"个人的正义",[2]并且这两种正义在本质上是一致的。柏拉图采用"由大见小"的方法,先考察城邦的正义,然后再把城邦的正义在个人身上进行考察,得出一致的正义结论。

柏拉图认为,城邦源于人们的相互需要,因为每一个人都不能够单独依靠自己而实现满足,即"之所以要建立一个城邦,是因为我们每一个人不能单靠自己达到自足"。[3]城邦由三个阶层的人——统治者、护卫者或辅助者和生产者——组成,每个阶层的人各司其职,互不干扰,即可实现城邦的正义。也就是说,"当生意人、辅助者和护国者这三种人在国家里各做各的事而不相互干扰时,便有了正义,从而也就使国家成为正义的国家了"。[4]之所以如此,原因在于各种人天生具有不同的禀赋,适合于不同的工作,并且只有"每个人在恰当的时候干适合他禀赋的一项工作,不干别的工作,专搞一行,这样每种东西才能生产得又多又好又容易"。[5]上天在造人的时候,"在有些人身上加入了黄金,这些人因而是最可贵的,有资格做统治者;在有些人身上加入了白银,他们适合做辅助者(军人);在农民和其他技工身上加入了铁和铜"。[6]在这三种人中,辅助者的工

---

[1] 王晓朝、陈越骅:《柏拉图对功利主义正义观的批判及其现代理论回响》,载《河北学刊》2011年第4期。
[2] [古希腊]柏拉图:《理想国》,张竹明译,译林出版社2012年版,第51页。
[3] [古希腊]柏拉图:《理想国》,张竹明译,译林出版社2012年版,第52页。
[4] [古希腊]柏拉图:《理想国》,张竹明译,译林出版社2012年版,第141页。
[5] [古希腊]柏拉图:《理想国》,张竹明译,译林出版社2012年版,第53页。
[6] [古希腊]柏拉图:《理想国》,张竹明译,译林出版社2012年版,第116页。

作是"最重大的",因此他"需要有比别种人更多地空闲,需要有最多的知识和最多的训练",[1]需要"用体操来训练身体,用音乐来陶冶心灵",以实现品质上"爱好智慧和刚烈、敏捷、有力"。[2]并且,护卫者是"最愿意毕生鞠躬尽瘁,为国家利益效劳,而绝不愿做任何不利于国家的事情的人",[3]"除了绝对的必需品以外,他们任何人不得有任何私产;任何人不应该有不是大家都可以随意出入的房屋或仓库",否则,他们就不是护卫者了,蜕变成"人民的敌人和暴君",进而与人民相互争斗,结果就是走向灭亡。[4]所以,护卫者不能拥有自己的私产,不能追求个人的幸福,否则就违背了城邦的正义。因为在柏拉图看来,建立国家不是为了"某一个阶级的单独突出的幸福,而是为了全体公民的最大幸福",如果单独追求某一个阶级的幸福,则"农民将不成其为农民,陶工将不成其为陶工,其他各种人也将不再是组成国家一个部分的他们那种人了",[5]此时国家将陷于分裂,不再是作为一个整体的国家,故此,城邦里的全体公民无一例外,"每个人天赋适合做什么,就应该派给他什么任务,以便大家各就各业,一个人就是一个人而不是多个人,于是整个城邦成为统一的一个而不是分裂的多个"[6]。这样,城邦就实现了正义。所以,在柏拉图看来,城邦的正义追求的是城邦的整体利益,而不是城邦中公民个人的利益,强调每一

---

[1] [古希腊] 柏拉图:《理想国》,张竹明译,译林出版社2012年版,第59页。
[2] [古希腊] 柏拉图:《理想国》,张竹明译,译林出版社2012年版,第62~63页。
[3] [古希腊] 柏拉图:《理想国》,张竹明译,译林出版社2012年版,第113页。
[4] [古希腊] 柏拉图:《理想国》,张竹明译,译林出版社2012年版,第118~119页。
[5] [古希腊] 柏拉图:《理想国》,张竹明译,译林出版社2012年版,第121页。
[6] [古希腊] 柏拉图:《理想国》,张竹明译,译林出版社2012年版,第124~125页。

个人都是为了城邦的利益而履行某一职责，每个人都不是孤立的自我，而是城邦的有机组成部分。

与城邦的正义相类似，个人的正义也是个人灵魂内三个部分相互协调、各司其职、互不干扰。柏拉图认为，"在国家里存在的东西在每一个个人的灵魂里也存在着，且数目相同"，与国家的三个组成部分（统治者、辅助者、生产者）相对应，每个人的灵魂也由三个部分组成，即理性、激情和欲望。[1]理性是"智慧的，为整个心灵的利益而谋划"；激情是理性的辅助者，"无论在快乐还是苦恼中都保持不忘理性所教给的关于什么应当惧怕什么不应当惧怕的信条"，"为完成理性的意图而奋勇作战"；理性和激情共同领导"占每个人灵魂的最大部分且本性是最贪得财富的"欲望，以免使欲望"因充满了所谓的肉体快乐而变大变强不再恪守本分，企图去控制支配那些它所不应该控制支配的部分，从而毁了人的整个生命"。所以，如果每个人自身内部的理性、激情和欲望在自身内部各起各的作用，那他就是"正义"的。[2]也就是说，"正义的人不许可自己灵魂里的各个部分相互干涉，起别的部分的作用"。[3]当一个人将自己心灵的三个部分（理性、激情、欲望）"合在一起加以协调，仿佛将高音、低音和中音以及其间的各音阶合在一起加以协调那样，使所有这些部分由各自分立而变成一个有节制的和和谐的整体时"，其行为就是"正义的"；不正义就是灵魂内三个部分之间的"争斗不和、相互间管闲事和相互干涉，灵魂的一个部分起而反对整个灵魂，企图在内部取得领导

---

[1] [古希腊] 柏拉图：《理想国》，张竹明译，译林出版社2012年版，第150~152页。

[2] [古希腊] 柏拉图：《理想国》，张竹明译，译林出版社2012年版，第153页。

[3] [古希腊] 柏拉图：《理想国》，张竹明译，译林出版社2012年版，第155页。

地位"。[1]

所以，在柏拉图看来，无论是城邦还是个人都是一个有机的整体，城邦正义和个人正义是一致的，都是为了追求有机体整体的利益。为了整体的利益最大化，整体的各个组成部分各自承担相应的责任，相互协调与配合，把自己的独立利益抛在脑后。而柏拉图所反对的各种私利性正义都是建立在个人利益的基础上，目的是维护个人的利益，而不是整体的利益。

亚里士多德把正义分为城邦正义和个人正义，或者是一般正义和特殊正义，其城邦正义为一般正义，个人正义为特殊正义。尽管亚里士多德也谈个人正义，但其所指的个人正义与柏拉图的个人正义不同，是调整个体之间利益关系的分配正义和矫正正义。亚里士多德的城邦正义虽与柏拉图的城邦正义有区别，但二者都是为了城邦整体的利益，而不是为了城邦成员的个人利益，调整的是个人与城邦的关系。亚里士多德认为，城邦正义就是"守法"，因为"所有的法律规定都是促进所有的人"的"共同利益"，进而"把那些倾向于产生和保持政治共同体的幸福或其构成成分的行为看作是公正的"。[2]在亚里士多德看来，人类天生就是"趋向于城邦生活的动物（人类在本性上也正是一个政治动物）"，[3]个人只有在城邦中才能生存，才能找到其存在的意义，而城邦不仅是为了"生活而存在"，不仅是为了"寻取互助以防御一切侵害"，也不仅是为了"便利物品交换以促进经济的往来"，而是"必须以促进善德为目

---

[1] [古希腊] 柏拉图:《理想国》，张竹明译，译林出版社2012年版，第155~156页。

[2] [古希腊] 亚里士多德:《尼各马可伦理学》，廖申白译注，商务印书馆2003年版，第129~132页。

[3] [古希腊] 亚里士多德:《政治学》，吴寿彭译，商务印书馆1965年版，第7页。

的"，唯有如此，才能算是"真正的"城邦[1]。正如其在《政治学》开篇中就明确指出的那样，"一切社会团体的建立，其目的总是为了完成某些善业——所有人类的每一种作为，在他们自己看来，其本意总是在求取某一善果。既然一切社会团体都以善业为目的，那么我们也可以说社会团体中最高而包含最广的一种，它所求得善业也一定是最高而最广的：这种至高而广涵的社会团体就是所谓'城邦'，即政治社团（城市社团）"。[2]城邦追求的是整体的善，而实现这种善的手段就是正义，所以，"城邦以正义为原则；由正义衍生的礼法，可凭以判断［人间的］是非曲直，正义正是树立社会秩序的基础"。[3]当个人利益与城邦的善相冲突时，个人利益应当服从城邦的善，因为，"每一家庭是城邦的一个部分，而夫妇和父子的组合则为家庭的各个部分"，但"各个部分的善德必须同整体的善德相符"。[4]

亚里士多德虽已认识到人性的自私成分，指出"凡属于最多数人的公共事物常常是最少受人照顾的事物，人们关怀着自己的所有，而忽视公共的事物"，[5]并将调整个人之间的利益关系的正义分为分配正义和矫正正义，但是，个人对其利益的追求

---

[1]［古希腊］亚里士多德：《政治学》，吴寿彭译，商务印书馆1965年版，第140~141页。

[2]［古希腊］亚里士多德：《政治学》，吴寿彭译，商务印书馆1965年版，第1页。

[3]［古希腊］亚里士多德：《政治学》，吴寿彭译，商务印书馆1965年版，第9~10页。

[4]［古希腊］亚里士多德：《政治学》，吴寿彭译，商务印书馆1965年版，第42页。

[5]［古希腊］亚里士多德：《政治学》，吴寿彭译，商务印书馆1965年版，第48页。

应当符合公共利益的要求,"正义以公共利益为依归",[1]个人从其城邦获得好处的唯一依据就是其对城邦所做之贡献的大小,也即其对城邦所承担之义务的多寡。因此,亚里士多德指出:"政治团体的存在并不是由于社会生活,而是为了美善的行为,所以,谁对这种团体所贡献的[美善的行为]最多,他既比和他同等为自由人血统或门第更为尊贵的人们,或比饶于财富的人们,具有较为优越的政治品德,就应该在这个城邦中享受到较大的一份。"[2]换言之,人们要想从城邦中获得,必须首先对城邦付出,并且获得必须依据付出的多寡,这就是亚里士多德的城邦正义,即以城邦整体利益为依归的整体主义正义。

二、追求最大多数人之最大利益的功利主义正义理论

追求最大多数人之最大利益的正义原则为功利主义理论的鼻祖边沁所主张。[3]边沁其实是一位个人主义者,不承认脱离个体的所谓的整体利益的存在,认为所谓的集体利益只不过是个人利益的相加。但是,边沁的功利主义所主张的衡量所有个体行为正当与否的最高准则就是看该行为是否符合最大多数人的最大利益,而不是个人功利的最大化。

边沁在《政府片论》中首次论述其功利主义的正义原则,声称其已经找到了"正确与错误的衡量标准"就是"最大多数人的最大幸福",只不过这一标准"在方法上和精确性上都还有

---

[1] [古希腊]亚里士多德:《政治学》,吴寿彭译,商务印书馆1965年版,第152页。

[2] [古希腊]亚里士多德:《政治学》,吴寿彭译,商务印书馆1965年版,第143~144页。

[3] 关于边沁的"最大多数人的最大幸福"原则,学界存在不同看法(具体争议详见谭志福:《基于快乐的正义——边沁的功利主义法哲学研究》,山东大学2014年博士学位论文,第42~44页),本书遵照的是边沁本人的表述。

待发展"。[1]随后,边沁就在《道德与立法原理导论》中对该标准展开详细论述。

边沁在《道德与立法原理导论》的开篇中就直接指出"功利原理是本书的基石",[2]也就是其所阐述的道德与立法原理都是建立在"功利原理"的基础上的。所以,对"功利原理"的明确说明也就成为《道德与立法原理导论》的首要任务。那么,到底什么是"功利原理","功利原理"中的"功利"又是什么呢?边沁明确指出,"功利是指任何客体的这么一种性质:由此,它倾向于给利益有关者带来实惠、好处、快乐、利益或幸福(所有这些在此含义相同),或者倾向于防止利益有关者遭受损害、痛苦、祸患或不幸(这些也含义相同);如果利益有关者是一般的共同体,那就是共同体的幸福,如果是一个具体的个人,那就是这个人的幸福";而"功利原理是指这样的原理:它按照看来势必增大或减小利益有关者之幸福的倾向,亦即促进或妨碍此种幸福的倾向,来赞成或非难任何一项行动。我说的是无论什么行动,因而不仅是私人的每项行动,而且是政府的每项措施"。[3]换言之,在边沁看来,所谓的功利实际上就是给利益相关者带来利益、幸福等类似的好处,或者减少利益相关者的损害、不幸等坏处,而所谓的功利原理实际上就是赞成给利益相关者带来好处的行为或反对给利益相关者带来坏处的行为。"当一个事物倾向于增大一个人的快乐总和时,或同义地说倾向于减小其痛苦总和时,它就被说成是促进了这个人的利

---

[1] [英]边沁:《政府片论》,沈叔平等译,商务印书馆1995年版,第92页。
[2] [英]边沁:《道德与立法原理导论》,时殷弘译,商务印书馆2000年版,第57页。
[3] [英]边沁:《道德与立法原理导论》,时殷弘译,商务印书馆2000年版,第58页。

益",[1]而对于个人而言,其就是被这种"快乐和痛苦"统治着[2]。尽管如此,边沁并不认为指导个人行为的功利原理就是促使个人利益的最大化,而是以共同体利益的最大化为标准。至于什么是共同体的利益,边沁认为,"共同体"只是一个"虚构体","共同体的利益"实际上是"道德术语"中"最笼统"的用语之一,因而失去"意义",所谓的"共同体的利益"实际上就是"组成共同体的若干成员的利益总和",所以,在不了解什么是个人利益的情况下"谈论共同体的利益是毫无意义的"。[3]所以,边沁不认为共同体是一种独立于个人的实体,而是一种虚构,共同体利益的计算和确定实际上就是通过个人利益的简单相加。

通过个人利益的简单相加,使共同体利益的确定成为可能,尽管如此,个人的利益和共同体的利益并不是同一种利益,在衡量个人或政府的行为是否正确时,应当按照共同体利益的最大化为标准,而非个人利益的最大化。边沁明确指出:"如果一个人对任何行动或措施的赞许或非难,是由他认为它增大或减小共同体幸福的倾向来决定并与之相称的",或者"由它是否符合功利的法则或命令来决定并与之相称的",则该人就是"功利原理的信徒";而"当一项行动增大共同体幸福的倾向大于它减小这一幸福的倾向时",则该行动就是符合"功利原理"的;同样,"当一项政府措施之增大共同体幸福的倾向大于它减小这一幸福的倾向时",它就符合"功利原理",当符合功利原理的行

---

[1] [英]边沁:《道德与立法原理导论》,时殷弘译,商务印书馆2000年版,第58页。
[2] [英]边沁:《道德与立法原理导论》,时殷弘译,商务印书馆2000年版,第57页。
[3] [英]边沁:《道德与立法原理导论》,时殷弘译,商务印书馆2000年版,第58页。

第五章 整体主义正义及其环境保护意义

动或政府措施成为法规或命令时,则该法规或命令也是符合功利原理的。[1]所以,当某一行动符合功利原理时,则从事该行动就是"应当的"和"正确的"。[2]

为了使功利原理具有可操作性,在阐明了功利原理后,边沁进一步详述了功利如何计算和比较。边沁根据个人之快乐与痛苦的值去计算共同体之快乐与痛苦的值,进而测算某项行为的后果是不是快乐大于痛苦。边沁指出,确定一个人之快乐或痛苦的大小的根据是快乐或痛苦的"强度""持续时间""确定性或不确定性""邻近或偏远""丰度"和"纯度",而确定一群人之快乐或痛苦的大小的根据则是在一个人的基础上再加上"广度,即波及的人数"因素。[3]对于如何计算某一行为是否有利于共同体的利益,边沁指出,首先计算该行为所影响的共同体成员个人的"最初快乐值""最初痛苦值""随后快乐值""随后痛苦值";然后把快乐值相加,把痛苦值相加,进行比较,进而确定该行为对某个人的影响,即"如果快乐的总值较大,则差额表示行动之有关个人利益的、好的总倾向;如果痛苦的总值较大,则差额表示其坏的总倾向";最后再根据受影响的人数,进而确定对共同体利益的影响,即把共同体中所有受影响者(利益相关者)的快乐值相加,并把痛苦值相加,并进行比较,"如果快乐的总值较大,则差额表示有关当事人全体或他们组成的共同体的、行动的总的良善倾向;如果痛苦的总值较大,

---

[1] [英]边沁:《道德与立法原理导论》,时殷弘译,商务印书馆2000年版,第59页。

[2] [英]边沁:《道德与立法原理导论》,时殷弘译,商务印书馆2000年版,第59页。

[3] [英]边沁:《道德与立法原理导论》,时殷弘译,商务印书馆2000年版,第86~88页。

则差额表示有关同一共同体的、行动的总的邪恶倾向"。[1]边沁认为,根据这种方法和程序,可以计算所有的快乐和痛苦,"不管它们的外表如何,也不管它们靠什么名称被人识别",包括名为"善""收益""便利""实惠""报酬""幸福"等的快乐和名为"恶""危害""不便""不利""损失""不幸"等的痛苦。[2]所以,在边沁看来,不同人的快乐和痛苦只有量的区别,而不存在质的差别,所有的快乐和痛苦都是同质,可以累加和抵消,进而可以进行加减计算。

总之,在边沁看来,个人虽是社会的基础,但个人利益并不是社会行动的最终依据;共同体尽管是一种虚构,但共同体的利益却是一种事实,只不过它是成员个人利益的简单相加而已,而且共同体的利益才是所有社会行动的最终依据。也就是说,只有促进共同体利益的行为才是正确的和应当做的行为,也即最大多数人的最大利益是衡量某一行为正确与否的唯一标准。

面对边沁的功利原则,密尔对其加以继承和改造。密尔在《功利主义》一书中对功利主义进行了辩护。密尔也把"最大幸福原则"作为道德基础,坚持认为"如果行为有助于提升幸福",则该行为就是"正确的",如果"行为将产生幸福的反面",则该行为就是"错误的",而"幸福"就是"快乐以及痛苦的缺乏","不幸"就是"痛苦和快乐的贫乏"。[3]但是,密尔反对边沁所言的快乐只有量的多少而没有质的区别。密尔认

---

[1] [英]边沁:《道德与立法原理导论》,时殷弘译,商务印书馆2000年版,第88页。

[2] [英]边沁:《道德与立法原理导论》,时殷弘译,商务印书馆2000年版,第89页。

[3] [英]约翰·斯图亚特·穆勒:《功利主义》,刘富胜译,光明日报出版社2007年版,第14页。

第五章　整体主义正义及其环境保护意义

为，"在评估快乐的过程中单单依靠数量"是"荒谬的"，其实"理智的快乐、情感的快乐、想象的快乐、道德情感的快乐是比纯粹感官快乐高一级的快乐"，这些都可归于人的"高贵感"，所以，"做一个满足的人比做一个满足的猪要强，做一个满足的苏格拉底比做一个满足的傻瓜要强"。[1]

在个人利益与社会利益的关系上，密尔明确指出，"功利主义的标准不是当事人自己最大的幸福，而是所有人最大的幸福"，而具有高贵个性的人"总会让别人更幸福，让世界总体上收获更多"，所以，要想实现功利主义的目标，必须"在总体上培养人们性格的高贵"。[2]自我牺牲者能够完全放弃自己的部分幸福或者放弃获得幸福的机会是"很高贵的"，但自我牺牲本身并不是目的，功利主义所推崇的自我牺牲是"能够增进幸福的牺牲，或者这种牺牲能够成为他人获得幸福的手段"，这里的"他人"指的要么是"人类整体"，要么是"人类集体利益限度内的个体"。所以，密尔再次重复强调，"功利主义关于行为对错标准的幸福，并不是指当事人自己的幸福，而是指一切相关人的幸福；在自己的幸福与他人的幸福之间，功利主义要求当事人严格公正地成为一个无私的、仁慈的观察者"。[3]因此，在密尔看来，功利主义者并不是一个利己主义者，反倒是一个不折不扣的利他主义者。功利主义者追求的不是自己的利益，而是他人的利益、社会的利益。"己所欲者，施之于人，爱邻如己"被密尔认为是"功利主义道德完善的理想境界"。功利主

---

[1]　[英] 约翰·斯图亚特·穆勒：《功利主义》，刘富胜译，光明日报出版社2007年版，第16~18页。
[2]　[英] 约翰·斯图亚特·穆勒：《功利主义》，刘富胜译，光明日报出版社2007年版，第20页。
[3]　[英] 约翰·斯图亚特·穆勒：《功利主义》，刘富胜译，光明日报出版社2007年版，第26页。

者一方面通过法律和社会安排使"个人的幸福或利益"与"整个社会的利益"相协调，另一方面，他不仅不可能"通过反对总体幸福来谋取自己的幸福"，而且还将"促进总体幸福的冲动"作为"个体行为的习惯性动机"。[1]至于功利主义为什么会把社会利益作为自己的行动目标，密尔认为，其根源在于人是社会性的存在，进而具有"社会情感"，即"我们对与同伴统一的渴望"，"这种渴望是已经存在于人类本性中的一种强有力原则"，即便我们的这种社会情感没有被明确灌输，也会在先进文化的影响下变得强大。因为，"社会状态"对人而言"如此自然、如此必然、如此习惯，以至于除非在一些不熟悉的环境或者故意心不在焉，人们都不会欺骗自己、他们都宁愿成为整体的一员"，并且，随着人类进一步消除"野蛮的独立状态"，这种社会状态的联系会"更加紧密"。在这种情况下，"人们逐渐觉得完全不顾他人的利益是不可能想象的事情"，不仅不要对他人"造成较大的伤害"，更要"通晓与他人的合作，把集体利益而不是个人利益看作是行动的目标"。[2]

所以，在密尔看来，集体利益是个人行动的目标和准则，个人利益要与集体利益相协调，服从于集体利益。但是，这并不意味着为了追求集体利益而完全不顾个人利益。密尔指出，"设想功利主义理论暗含人们将全副身心关心世界总体的幸福，或者说整个社会的幸福，这是对功利主义思维模式的一种误解"，因为"大多数善行都并不关注世界的利益，而是关注组成这个世界利益的个体利益。大多数道德人士的思想在这些事情

---

[1] [英]约翰·斯图亚特·穆勒：《功利主义》，刘富胜译，光明日报出版社2007年版，第27页。

[2] [英]约翰·斯图亚特·穆勒：《功利主义》，刘富胜译，光明日报出版社2007年版，第47~48页。

第五章　整体主义正义及其环境保护意义

上都不需要跨越对特定人物的关照，但是有必要确保对他们的关照不会冒犯其他人的权利"。[1]在这里，我们可以看到密尔对个人权利的重视。从表面上看，功利主义与个人权利似乎是矛盾的，因为功利主义追求的是集体利益，而个人权利追求的是个人利益，所以，有学者认为密尔已经从功利主义滑向了自由主义。[2]但实际情况也许没有看上去这么简单。对于密尔的权利理论，我们应当将其放入其功利主义理论的整体之中加以认识和解读。在探讨正义与功利之间的关系时，密尔明确指出正义观念包括两个方面，即"行为的规则和鼓励这种规则的情感"，前者关注的是"所有的利益"，后者是"一种希望违规者遭到惩罚的渴望"，所以，"权利"虽然是正义观念的本质，但"功利是正义的基础"。[3]这在一定程度上也说明，密尔的权利理论也是以功利为指导的，是为功利服务的，最终目标也是社会的进步和人类的幸福。在作为密尔权利理论集中体现的《论自由》一书中，密尔坦言，"在一切道德问题上，我最后总是诉诸功利的；但是这里所谓的功利必须是最广义的，必须是把人当作前进的存在而以其永久利益为根据。……这样一些利益是享有威权来令个人自动性屈从于外来控制的，当然只是在每个人涉及他人利益的那部分行动上"。[4]在此，密尔其实已经表达了权利服务于功利的地位性质，即权利维持人类个性多样性的

---

[1] [英]约翰·斯图亚特·穆勒：《功利主义》，刘富胜译，光明日报出版社2007年版，第29页。

[2] 美国当代著名哲学家桑德尔指出："不管是个人权利还是高级乐趣"，密尔的"辩论却援引到人的尊严与性格，这些都是无关功利的道德理想"。参见[美]迈可·桑德尔：《正义：一场思辨之旅》，乐为良译，雅言文化出版股份有限公司2011年版，第66页。

[3] [英]约翰·斯图亚特·穆勒：《功利主义》，刘富胜译，光明日报出版社2007年版，第76~84页。

[4] [英]约翰·密尔：《论自由》，许宝骙译，商务印书馆1959年版，第12页。

存在，而个性多样性的存在是增进人类福祉的必要因素之一。

　　密尔的权利原则实际上就是他所主张的"自由原则"，也是学者所言的伤害原则，该原则是调整社会强制与个人自由之间关系的准则，也即"凡属社会以强制和控制方法对付个人之事，不论所用手段是法律惩罚方式下的物质力量或者是公众意见下的道德压力，都要绝对以它为准绳"。[1]密尔将该原则的具体表述为："人类之所以有理有权可以个别地或者集体地对其中任何分子的行动自由进行干涉，唯一的目的只是自我防卫"，也就是说，"对于文明群体中的任一成员，所以能够施用一种权力以反其意志而不失为正当，唯一的目的只是要防止对他人的危害"。[2]所以，一个人的行为如果只关涉其自身的利益，则行使该行为就是个人的自由和权利；相反，如果一个人的行为伤害了他人的利益，则行使该行为就不再是其权利，而是应当受到惩罚。任何人的行为，只有涉及他人的那部分才需要"对社会负责"，要使"强迫成为正当"，必须是对他加以阻吓的那宗行为将会"对他人产生祸害"；在只涉及本人的那部分行为上，他的"独立性在权利上则是绝对的"，所以，真正的自由乃是"按照我们自己的道路去追求我们自己的好处的自由，只要我们不试图剥夺他人的这种自由，不试图阻碍他们取得这种自由的努力。……人类若彼此容忍各照自己所认为好的样子去生活，比强迫每个人都照其余的人所认为好的样子去生活"，结果会更好。[3]在此，密尔已经为个人勾画出一个私人的空间，在这个空间内所从事的活动不会伤害其他人的利益，这个空间就是个人的自由范围。同时，

---

〔1〕[英]约翰·密尔：《论自由》，许宝骙译，商务印书馆1959年版，第10页。
〔2〕[英]约翰·密尔：《论自由》，许宝骙译，商务印书馆1959年版，第10页。
〔3〕[英]约翰·密尔：《论自由》，许宝骙译，商务印书馆1959年版，第11~14页。

第五章　整体主义正义及其环境保护意义

这个空间也是人的个性存在的空间。这种私人空间的存在，必然会使人类变得更好。如果这种私人的空间得不到承认，人的自由得不到认可，则"在人的智性方面并从而在人的德行方面便有毁灭性的后果"。[1]在密尔看来，"人类要成为思考中高贵而美丽的对象，不能靠着把自身中一切个性的东西都磨成一律，而要靠在他人权利和利益所许的限度之内把它培养起来和发扬出来"，其实"个性和发展乃是一回事"，只有培养个性才能产生出"发展得很好的人类"。[2]所以，权利乃是人类趋向美好的必不可少的东西，也是增进社会福利的必要因素之一。"凡是性格力量丰足的时候和地方，怪癖性也就丰足"，而"一个社会中怪癖性的数量一般总是和那个社会中所含天才异禀、精神力量和道德勇气的数量成正比的"。[3]很显然，一个社会中所含"天才异禀、精神力量和道德勇气的数量"越多，则该社会就会越幸福、越美好。

在功利主义的理论下，上述这种作为增进社会整体福祉必不可少的因素之一的权利虽然是个人对自己的行为在不伤害他人利益情况下的自治，是个人对其只关涉自身利益的行为的独立自决，但这种权利并不意味着个人只追求一己私利。恰恰相反，这种权利的享有必须以对社会的付出为前提。密尔明确指出，对于他的权利原则，"如果有人认为它是'各人自扫门前雪，不管他人瓦上霜'的说法，认定它硬说人类彼此之间在生活中的行为上各不相干，硬说每人除非牵涉自己的利害就不应当涉身于他人的善行或福祉，那就是一个很大的误解"。[4]因

---

[1]　[英]约翰·密尔:《论自由》，许宝骙译，商务印书馆1959年版，第65页。
[2]　[英]约翰·密尔:《论自由》，许宝骙译，商务印书馆1959年版，第74~75页。
[3]　[英]约翰·密尔:《论自由》，许宝骙译，商务印书馆1959年版，第79页。
[4]　[英]约翰·密尔:《论自由》，许宝骙译，商务印书馆1959年版，第90页。

为，每一个人都从社会中获得好处，同时他也应当对社会有所付出和贡献。密尔指出："每人既然受社会的保护，每人对于社会也就该有一种报答；每人既然事实上都生活在社会中，每人对于其余的人也就必得遵守某种行为准绳"，而这种准绳表现在两个方面，一是"彼此互不损害利益，彼此互不损害或在法律明文中或在默喻中应当认作权利的某些相当确定的利益"；二是"每人都要在为了保卫社会或其成员免于遭受损害和妨碍而付出的劳动和牺牲中担负他自己的一份"，如果有人"力图规避"这种准绳，"社会"就有理由"以一切代价去实行强制"。[1]所以，个人应当对社会负有义务，为了使社会利益免遭损害，社会可以对个人实施强制，以限制个人的权利。整个人类"最普遍的自然倾向之一"就是把"道德警察的界限"扩展到"最无疑义的个人合法自由"为止，[2]至于什么是"最无疑义的个人合法自由"，在人们相互依存相互联系的社会中，需要具体情况具体分析。

所以，密尔虽然提出并强调个人的权利，但其个人权利理论是在功利主义笼罩下的，服务于最大幸福的功利原则。

三、追求人类进步与解放的马克思正义理论

对于马克思的正义理论，国内外学者研究较多，从不同角度对其进行解读，同时也存在一些截然不同的观点，很多学者都把注意力集中在马克思的分配正义理论上。[3]但是，无论学者们如何争论，也不论马克思是否明确集中阐释过自己的正义

---

[1] [英]约翰·密尔：《论自由》，许宝骙译，商务印书馆1959年版，第89页。
[2] [英]约翰·密尔：《论自由》，许宝骙译，商务印书馆1959年版，第101页。
[3] 研究马克思正义理论的代表性学者及其观点论述请参见李惠斌、李义天编：《马克思与正义理论》，中国人民大学出版社2010年版。

理论，学者们都从马克思的相关论述中窥探到其正义理论的存在。因此，笔者在本书中也从马克思的经典文本中考查其所主张的最高层次的正义理论，也即其正义理论的终极目标：实现人类的进步与解放。

马克思的正义理论是以唯物史观为指导，通过对传统的唯心主义正义和自由主义正义进行批判而逐步确立。在《黑格尔法哲学批判》中，马克思对黑格尔的泛神论的神秘主义唯心观进行了批判。马克思认为，黑格尔把"理念变成了独立的主体，而家庭和市民社会对国家的现实关系变成了理念所具有的想象的内部活动"，但是，实际上"家庭和市民社会是国家的前提，它们才是真正的活动者；而思辨的思维却把这一切头足倒置"。[1]在黑格尔的思想中，"作为出发点的事实并不是被当作事实本身来看待，而是被当作神秘主义的结果"。[2]对于政治制度，黑格尔也是力图使它与"抽象理念"发生关系，使它成为"理念发展链条上的一个环节"，而不是发展其"现成的特定的理念"，这就是"露骨的神秘主义"。[3]之所以如此，关键在于黑格尔"抽象地、单独地"考查"国家的职能和活动"，把"特殊的个体性"看作是国家职能、活动的"对立物"，但实际情况是，"特殊的个体性"只是"人的个体性"，国家的职能和活动也只是"人的职能"；所谓的"特殊的人格"的"本质"不是"人的胡子、血液、抽象的肉体的本性"，而是人的"社会特质"，国家的职能只不过是人的"社会特质"的存在和活动的方式，所以，"个人既然是国家职能和权力的承担者，那就应该按照他们的社

---

[1]《马克思恩格斯全集》（第1卷），人民出版社1956年版，第250~251页。
[2]《马克思恩格斯全集》（第1卷），人民出版社1956年版，第253页。
[3]《马克思恩格斯全集》（第1卷），人民出版社1956年版，第259页。

会特质，而不应该按照他们的私人特质来考察他们"。[1]也就是说，在马克思看来，对国家的考查，必须从具体的人出发，而不能从抽象的理念出发。马克思之所以这样做，就是为了让人摆脱抽象理念的约束和控制，实现人的解放和自由。在黑格尔看来，不是主体客体化为"普遍事务"，而是"普遍事务"自身变成"主体"，不是主体需要"普遍事务"作为自己的真正的事务，而是"普遍事务"需要主体作为它自己的形式的存在，从而使人的自由消失了，因为"普遍事务"不是人民的"真正的事务"，"人民事务就是普遍事务这种说法是一种幻想"。[2]在这里，黑格尔实际上是把"主观的自由看成形式的自由（当然，重要的是在于使自由的东西能自由地实现，使自由不像社会的无意识的自然本能那样来支配一切）"，之所以如此，正是因为他没有把"客观自由看做主观自由的实现，即主观自由的实际表现"，而是"给自由的假想的或实际的内容以一种神秘的形式"，从而使"自由的真正主体"得到了"形式的意义"。[3]马克思对黑格尔法哲学的批判是为了人的自由与解放，正如马克思本人在《〈黑格尔法哲学批判〉导言》中明确指出的那样，黑格尔的法哲学是德国国家哲学和法哲学"最系统、最丰富和最终的表达"，对这些理论的批判都必须从"坚决积极废除宗教出发"，而"对宗教的批判最后归结为人是人的最高本质这样一个学说，从而也归结为这样的绝对命令：必须推翻使人成为被侮辱、被奴役、被遗弃和被蔑视的东西的一切关系"。[4]

  马克思对黑格尔抽象的神秘唯心主义国家观的批判虽然追

---

[1]《马克思恩格斯全集》（第1卷），人民出版社1956年版，第270页。
[2]《马克思恩格斯全集》（第1卷），人民出版社1956年版，第321页。
[3]《马克思恩格斯全集》（第1卷），人民出版社1956年版，第322页。
[4]《马克思恩格斯选集》（第1卷），人民出版社2012年版，第10页。

求人的解放和自由，但并不是对自由主义正义理论的认同。马克思对自由主义正义理论也持一种批判的态度，因为自由主义体现的是人的自私自利，无法实现人类的解放。马克思在《论犹太人问题》的开篇中明确指出，犹太人"要是为自己，即为犹太人要求一种特殊的解放"，那他们就是"利己主义者"；作为德国人，犹太人应该为"德国的政治解放奋斗"；作为人，犹太人应该为"人类解放奋斗"。[1]在此，马克思又一次明确其追求人类解放的目的。但是，自由主义所追求的人权无法实现人类解放的目的。马克思指出，不同于"公民权"的"所谓的人权无非市民社会的成员的权利，即脱离了人的本质和共同体的利己主义的人的权利"，[2]所谓的"自由"是作为"孤立的、封闭在自身的单子里的那种人的自由"，而不是建立在"人与人结合起来的基础上，而是建立在人与人分离的基础上"，自由权就是这种"分离的权利，是狭隘的封闭在自身的个人的权利"。[3]同样，平等也是"自由的平等，即每个人都同样被看作孤独的单子"；安全作为市民社会的"最高社会概念"只是市民社会"利己主义的保障"。总之，"任何一种所谓的人权都没有超出利己主义的人，没有超出作为市民社会的成员的人，即作为封闭于自身、私人利益、私人任性、同时脱离社会整体的个人的人"；在这些人权中，人并不是"类存在物"，恰恰相反，"类生活本身即社会却是个人的外部局限，是他们原有的独立性的限制"，而把人和社会连接起来的"唯一纽带"就是"需要和私人利益，是对他们财产和利己主义个人的保护"。[4]所以，

---

[1]《马克思恩格斯全集》（第1卷），人民出版社1956年版，第419页。
[2]《马克思恩格斯全集》（第1卷），人民出版社1956年版，第437页。
[3]《马克思恩格斯全集》（第1卷），人民出版社1956年版，第438页。
[4]《马克思恩格斯全集》（第1卷），人民出版社1956年版，第439页。

从封建社会的解体中产生的"利己主义的人"就成为自由主义"政治国家的基础",而自由主义国家对这种自由的承认并没有实现人的解放,人并没有从"宗教""财产"和"行业的利己主义"中解放出来。[1]相反,"只有当现实的个人同时也是抽象的公民,并且作为个人,在自己的经验生活、自己的个人劳动、自己的个人关系中间,成为类存在物的时候,只有当人认识到自己的'原有力量'并把这种力量组织成为社会力量而不再把社会力量当作政治力量跟自己分开的时候","人类解放才能完成"。[2]所以,马克思在批判自由主义的同时指出了其追求人类解放的奋斗目标。

马克思不仅对自由主义正义所主张的权利进行了批判,而且还对其所主张的私有财产进行批判。马克思在《1844年经济学哲学手稿》中,对私有财产进行了较为深刻的批判。马克思指出,私有财产是"异化劳动"的"产物、结果和必然后果",[3]而异化劳动并不是工人"自愿的劳动",而是"被迫的强制劳动",这种劳动不是满足一种需要,而只是"满足劳动以外的那些需要的一种手段",就像在宗教中"人的幻想、人的头脑和人的心灵的自主活动"是作为一种"异己的活动"一样,"工人的活动也不是他的自主活动",而是"他自身的丧失"。[4]人本来是一种"类存在物",因为人不仅"在实践上和理论上都把类当作自己的对象",而且把自身当作"现有的、有生命的类来对待",当作"普遍的因而也是自由的存在物来对待",[5]但是,异化劳动使"类同人相异化",把"类生活变成维持个人生活的手

---

[1]《马克思恩格斯全集》(第1卷),人民出版社1956年版,第442页。
[2]《马克思恩格斯全集》(第1卷),人民出版社1956年版,第443页。
[3]《马克思恩格斯选集》(第1卷),人民出版社2012年版,第60页。
[4]《马克思恩格斯选集》(第1卷),人民出版社2012年版,第54页。
[5]《马克思恩格斯选集》(第1卷),人民出版社2012年版,第55页。

段",从而使"人的类本质"变成了"对人来说是异己的本质",变成了维持他的"个人生存的手段",进而使"人同人相异化"[1]。所以,人类要想获得解放,必须使社会从私有财产中解放出来,必须使工人获得解放,因为"工人的解放"包含"普遍的人的解放";自由主义正义所主张的私有财产实际上是一种奴役,是非正义的,因为整个"人类奴役制就包含在工人对生产的关系,一切奴役关系只不过是这种关系的变形和后果罢了"。[2]在此,马克思又一次明确指出其追求人类解放的最终目标,至于如何实现这一目标,马克思做了进一步构建研究。

在《〈黑格尔法哲学批判〉导言》中,马克思明确宣布"对宗教的批判基本上已经结束",并且"对宗教的批判是其他一切批判的前提",[3]但是"批判的武器不能代替武器的批判,物质力量只能用物质力量来摧毁",[4]批判本身并不是最终目的。"哲学家们只是用不同的方式解释世界,问题在于改变世界。"[5]要改变现存的不合理,还需要努力建构新的理论和制度。马克思对其正义理论的建构也是建立在其唯物史观的基础上的。马克思克服以前唯物主义和唯心主义缺陷,把自己的理论建立在感性的人的实践活动的基础上。他指出,全部社会生活在本质上都是"实践的",凡是把理论引向神秘主义的神秘东西,都能在人的"实践中以及对这种实践的理解中得到合理的解决",而人的本质在其现实性上就是"一切社会关系的总和",并非"个人所固有的抽象物",之前的一切唯物主义的主要缺陷就是"对对象、现实、感性,只是从客体的或者直观的形式去理

---

[1]《马克思恩格斯选集》(第1卷),人民出版社2012年版,第56~58页。
[2]《马克思恩格斯选集》(第1卷),人民出版社2012年版,第61页。
[3]《马克思恩格斯选集》(第1卷),人民出版社2012年版,第1页。
[4]《马克思恩格斯选集》(第1卷),人民出版社2012年版,第9页。
[5]《马克思恩格斯选集》(第1卷),人民出版社2012年版,第136页。

解，而不是把它们当作感性的人的活动，当作实践去理解"。[1]在此，马克思奠定了其正义理论的唯物主义基础。在《德意志意识形态》中，马克思对其唯物主义观点做了进一步的阐释。

马克思指出，"全部人类历史的第一个前提无疑是有生命的个人的存在"，因此，"个人的肉体组织以及由此产生的个人对其他自然的关系"是一切理论研究的出发点，是首先需要"确认的事实"。[2]但是对人的理解不能从"人们所说的、所设想的、所想象的东西出发"，也不能从"口头说的、思考出来的、设想出来的、想象出来的人出发"，而应从"实际活动的人"出发，这里的人不是"处在某种虚幻的离群索居和固定不变状态中的人，而是处在现实的、可以通过经验观察到的、在一定条件下进行的发展过程中的人"。[3]

在个人利益与共同利益的关系方面，非自愿的社会分工必然造成个人利益与共同利益的冲突。传统的社会分工是一种非自愿性的分工，在这种社会分工中，每个人所追求的都是"自己的特殊的、对他们来说是同他们的共同利益不相符合的利益"，所以，这种情况下的"共同利益"实际上是"异己的"和"不依赖于"社会个体的，即是一种"特殊的独特的'普遍'利益"。[4]也就是说，只要社会分工还不是出于"自愿"，而是"自然形成"的，也即只要人们还处于"自然形成的社会"中，"特殊利益和共同利益"之间就会有分裂，"人本身的活动对人来说"就是一种"异己的、同他对立的力量"而"压迫"着人，而不是"人驾驭着这种力量"。只有在共产主义社会中，个

---

[1]《马克思恩格斯选集》（第1卷），人民出版社2012年版，第133~136页。
[2]《马克思恩格斯选集》（第1卷），人民出版社2012年版，第146页。
[3]《马克思恩格斯选集》（第1卷），人民出版社2012年版，第152~153页。
[4]《马克思恩格斯选集》（第1卷），人民出版社2012年版，第164页。

人利益和共同利益才能一致。因为，在传统的社会分工中，"任何人都有自己一定的特殊的活动范围，这个范围是强加于他的，他不能超出这个范围：他是一个猎人、渔夫或牧人，或者是一个批判的批判者，只要他不想失去生活资料，他就始终应该是这样的人"，而在共产主义社会中，情况完全不同，"任何人都没有特殊的活动范围，都可以在任何部门内发展，社会调节着整个生产，因而使我有可能随自己的兴趣今天干这事，明天干那事，上午打猎、下午捕鱼、傍晚从事畜牧，晚饭后从事批判，这样就不会使我老是一个猎人、渔夫、牧人或批判者"。[1]但是，如何才能使人的活动不至于成为一种"异己"的力量压迫着人，从而实现人的自由，还必须依靠真正的共同体，通过消灭分工的办法来实现。马克思指出："个人力量由于分工而转化为物的力量这一现象，不能靠人们从头脑里抛开关于这一现象的一般观念的办法来消灭，而只能靠个人重新驾驭这些物的力量，靠消灭分工的办法来消灭。没有共同体，这是不可能实现的。"因为，"只有在共同体中，个人才能获得全面发展其才能的手段"，也即"只有在共同体中才可能有个人自由"，但这种共同体必须是真正的共同体，而不是虚假的共同体。在虚假的共同体中，个人自由只限于统治阶级内部的个人。"在过去的种种冒充的共同体中，如在国家等等中，个人自由只是对那些在统治阶级范围内发展的个人来说是存在的，……从前各个人联合而成的虚假的共同体……是一个阶级反对另一个阶级的联合，因此对于被统治阶级来说，它不仅是完全虚幻的共同体，而且是新的桎梏"，在"真正的共同体"中，"各个人在自己的联合中并通过这种联合获得自己的自由"。[2]而这种"真正的共同

---

[1] 《马克思恩格斯选集》（第1卷），人民出版社2012年版，第165页。
[2] 《马克思恩格斯选集》（第1卷），人民出版社2012年版，第199页。

体"就是"控制了自己的生存条件和社会全体成员的生存条件的革命无产者的共同体",是"各个人都是作为个人参加"的,把"个人的自由发展和运动的条件置于他们的控制之下"。[1]

马克思以人类的进步和解放为目标,从感性的人出发,采用历史的视角看待各种社会制度的正义问题,进而否定放之四海而皆准的抽象正义理论。在《共产党宣言》中,马克思一方面表现出对资本主义社会的赞扬,指出"资产阶级在它的不到一百年的阶级统治中所创造的生产力,比过去一切世代所创造的全部生产力还要多还要大",[2]但另一方面又对资本主义社会极为不满并批判,指出资产阶级"无情地斩断了把人们束缚于天然尊长的形形色色的封建羁绊",使人和人之间除了"赤裸裸的利害关系"和"冷酷无情的'现金交易'"外,就再也没有任何别的联系了,用"公开的、无耻的、直接的、露骨的剥削"代替了"由宗教幻想和政治幻想掩盖着的剥削"[3]。之所以如此,主要原因在于,从生产方式发展的不同阶段去看,资本主义制度具有不同的正义属性。正如马克思在《资本论》(第3卷)中所指出的那样,"同吉尔巴特一起说什么是自然正义,这是荒谬的。生产当事人之间进行的交易的正义性在于:这种交易是从生产关系中作为自然结果产生出来的。这种经济交易作为当事人的意志行为,作为他们的共同意志的表示,作为可以由国家强加给立约双方的契约,表现在法律形式上,这些法律形式作为单纯的形式,是不能决定这个内容本身的。这些形式只是表示这个内容。这个内容,只要与生产方式相适应,相一致,就是正义的;只要与生产方式相矛盾,就是非正义的。在

---

[1]《马克思恩格斯选集》(第1卷),人民出版社2012年版,第202页。
[2]《马克思恩格斯选集》(第1卷),人民出版社2012年版,第405页。
[3]《马克思恩格斯选集》(第1卷),人民出版社2012年版,第403页。

资本主义生产方式的基础上,奴隶制是非正义的;在商品质量上弄虚作假也是非正义的"。[1]在这里,马克思认为,只要与生产方式相适应的制度就是正义的,反之,就是不正义的。资本主义制度与资本主义生产方式相适应,封建制度与封建社会生产方式相适应,奴隶制度与奴隶社会生产方式相适应,从而它们都具有一定的正义性。但是,如果把奴隶制度放在资本主义生产方式下,或者某种制度不适合它的生产方式,则就成为非正义的了。尽管资本主义制度存在自己的正义性,但如果从人类社会发展的最终目标来看,它又是非正义的。因为,马克思指出"至今一切社会的历史都是阶级斗争的历史",但"过去的一切运动都是少数人的,或者为少数人谋利益的运动",只有"无产阶级的运动"才是"绝大多数人的,为绝大多数人谋利益的独立的运动"。[2]无产阶级运动追求的是人类的解放,是正义的运动。

从人类不断发展进步的视角来看,马克思将人类社会的发展分为三个阶段,即"人的依赖关系"阶段、"以物的依赖性为基础的人的独立性"阶段和"建立在个人全面发展和他们共同的社会生产能力成为他们的社会财富这一基础上的自由个性"阶段,[3]某一阶段相对于其前一阶段而言是一种进步,但相对应于其后一阶段而言却是一种桎梏和阻碍,而资本主义社会正处于人类发展的中间阶段上。也就是说,正义必须与人类社会处于一定阶段的生产方式相适应,应当历史地看待。当人类社会到了"共产主义社会高级阶段"时,"迫使个人奴隶般地服从分工的情形"就消失了,从而使"脑力劳动和体力劳动的对立也随之消失","劳动"不仅仅是"谋生的手段"而且成为"生

---

[1] [德]马克思:《资本论》(第3卷),人民出版社1975年版,第379页。
[2] 《马克思恩格斯选集》(第1卷),人民出版社2012年版,第400、411页。
[3] 《马克思恩格斯全集》(第46卷)(上),人民出版社1979年版,第104页。

活的第一需要",社会生产力高度发展,此时"才能完全超出资产阶级权利的狭隘眼界,社会才能在自己的旗帜上写上:各尽所能,按需分配"!所以,在马克思看来,当人类达到了共产主义社会高级阶段后,"每个人的自由发展"成为"一切人自由发展的条件",[1]人类实现了全面的解放,资产阶级那种自私的权利完全被突破,人们追求的不再是一己私利,而是一种自我实现的自由生活样态。因为共产主义"作为完成了的自然主义,等于人道主义,而作为完成了的人道主义,等于自然主义",是"私有财产"的"积极扬弃",是"人与自然界之间、人与人之间的矛盾的真正解决,是存在和本质、对象化和自我确证、自由和必然、个体和类之间的斗争的真正解决"。[2]

所以,马克思的正义是以人类的解放为最终衡量标准,凡是有利于人类解放的活动就是正义的,反之,就是非正义的。而人类的解放并不是对个人权利和个人利益的追求,而是一种和谐的状态,是人与人、人与自然、个人与集体之间矛盾的真正化解,但这一目标的最终实现,还必须从感性的个人出发。

四、追求社群利益的社群主义正义理论

社群主义兴起于20世纪80年代,是在批判以罗尔斯为代表的自由主义的基础上发展起来的,其代表人物主要有桑德尔、麦金太尔、泰勒、沃尔泽、米勒等。尽管社群主义者之间的观点存有差异,且各社群主义者也没有明确声称自己是社群主义者,正如桑德尔先生在其代表作《自由主义与正义的局限》一书的第二版前言中所明确指出的那样,"《局限》一书与其他同时代的自由主义政治理论之批评者(最著名的有阿拉斯戴尔·麦

---

[1]《马克思恩格斯选集》(第1卷),人民出版社2012年版,第422页。
[2]《马克思恩格斯全集》(第42卷),人民出版社1979年版,第120页。

金太尔、查尔斯·泰勒和迈克·沃兹尔）的著作一起，逐渐被确认为是对具有权利取向的自由主义的'共同体主义'批评。由于我的部分论证是，当代自由主义对共同体提出的解释不充分，'共同体主义'这一术语在某种程度上还是合适的。然而，在许多方面，这一标签却会引起误解。最近几年在各种政治哲学间爆发的这场'自由主义—共同体主义'之争，表明了问题讨论的范围，而我并不总是认为我本人站在共同体主义一边";"如果'共同体主义'只是绝大多数主义的另一种名称，或者，如果它只是下述理念——即认为，权利应该依赖于在任何既定时间和既定共同体中占先定支配地位的那些价值，那这并不是我要捍卫的一种观点"，[1]但是，社群主义者在批判自由主义的基础上已经形成了某些共识性观点，使其与自由主义者区别开来。正因为如此，才有学者直接指出，"社群主义者在与自由主义者的论战中，他们的一致性远大于他们的分歧性，作为一种政治哲学的社群主义业已形成，并且是自由主义最有力的挑战者"。[2]正如在作为社群主义政治宣言的《回应性社群主义政纲：权利和责任》中所明确声明的那样，"离开相互依赖和交叠的各种社群，无论是人类的存在还是个人的自由都不可能维持很久。除非其成员为了共同的目标而贡献其才能、兴趣和资源，否则所有社群都不能持久。排他性地追求个人利益必然损害我们赖以存在的社会环境，破坏我们共同的民主自治实验。因为这些原因，我们认为没有一种社群主义的世界观，个人的权利就不能长久得以保存。社群主义既承认个人的尊严，又承认人

---

[1] [美]迈克尔·J. 桑德尔：《自由主义与正义的局限》，万俊人等译，译林出版社2001年版，前言第1~2页。

[2] 俞可平：《社群主义》（第3版），东方出版社2015年版，第5页。

类存在的社会性"。[1]这一纲领性声明实际上从总体上概括了社群主义理论的核心观点，即个人是社群的组成部分而离不开社群；社群的维持有赖于个人的贡献，这既是为了社群的利益，也是为了个人的长远利益。

社群主义者从个人与社群的关系中认识个人，否认自由主义所主张的独立的、先验的个人，认为个人与其所处的社群密不可分，个人是社群的组成部分，任何个人都不能脱离社群，个人的属性、认同、目的都是社群决定的，也即个人是社会的产物。这在一定程度上就是社群主义世界观的本体论。这种世界观的本体论在一定程度上决定着社群主义的价值追求，即个人最大的善和最高的美德就是对社群利益做出贡献，为了社群利益，可以限制个人选择和追求自己利益的自由。

桑德尔指出，在现实中，我们每一个人都生活在多个"共同体"之中，某一些共同体可能比另外一些更具有包容性。[2]个人承认在构成其身份的各种各样的复杂形式中应感激其"父母、家庭、城市、种族、阶级、民族、文化、历史时代，可能还有上帝、自然或者机遇"，[3]在这个过程中，我们就把自己看作是"一个更广泛的主体性成员"，是"一种公共身份的参与者，这个公共身份或是家庭、或是共同体、或是阶级、或是人民、或是民族"[4]。所以，共同体不只是描述一种"感情"，还描述一种"自我理解"的方式，这种方式成为"主体身份"

---

[1] 参见俞可平：《社群主义》（第3版），东方出版社2015年版，第1页。
[2] [美]迈克尔·J. 桑德尔：《自由主义与正义的局限》，万俊人等译，译林出版社2001年版，第117页。
[3] [美]迈克尔·J. 桑德尔：《自由主义与正义的局限》，万俊人等译，译林出版社2001年版，第173页。
[4] [美]迈克尔·J. 桑德尔：《自由主义与正义的局限》，万俊人等译，译林出版社2001年版，第174页。

的组成部分。照此观点，说社会成员被共同体意识约束并不是说他们中的大部分人承认共同体的情感，都追求共同体的目的，而是说"他们认为他们的身份——既有他们情感和欲望的主体，又有情感和欲望的对象——在一定程度上被他们身处其中的社会所规定"；对他们来说，共同体描述的不只是"他们作为公民拥有什么，而且还有他们是什么"；不是"他们所选择的一种关系（如同在一个志愿组织中）"，而是"他们发现的依附"；不只是一种"属性"，而且还是"他们身份的构成成分"。[1]因此，共同体不是人们自由选择加入的一种组织，而是人们身份的组成部分，是人们所依附的东西。只有在共同体中，人们才能发现真是的自我。只有在这样理解自我的情况下，当我的"资质或生命前景"被纳入一种共同奋斗的事业中时，我不会把这种经历当作"被别人的目的所利用的经历"，而是当作一种"为共同体的目的作贡献"的方式，而这个共同体在我看来就是"我自己"，这种贡献实际上就是"通过我的努力，我为实现我为之自豪的生活方式作出了贡献，并且借此我的身份得到了确认"。[2]换言之，共同体通过规定自我使共同体与自我、共同体利益与自我利益具有一致性。

既然在共同体的视角下自我已经不是孤立的、先验的个体，则建立于孤立、先验个体基础上的自由主义的权利优先于善的正义也就失去了存在的基础。桑德尔指出：

> 只要我们的构成性自我理解包含着比单纯的个人更广泛的主体，无论是家庭、种族、城市、阶级、国家、民族，那么这

---

[1] [美]迈克尔·J.桑德尔：《自由主义与正义的局限》，万俊人等译，译林出版社2001年版，第181~182页。

[2] [美]迈克尔·J.桑德尔：《自由主义与正义的局限》，万俊人等译，译林出版社2001年版，第174页。

种自我理解就规定一种构成性意义上的共同体。这个共同体的标志不仅仅是一种仁慈精神，或是共同体主义的价值的主导地位，甚至也不只是某种"共享的终极目的"，而是一套共同的商谈语汇，和隐含的实践与理解背景，在此背景内，参与者的互不理解如果说不会最终消失，也会减少。只要正义的先定突显性依赖于认识论意义上的人的差异和界限，那么，随着人们之间的不了解的消失，以及共同体的日益深化，正义的优先性将会减少。[1]

此外，桑德尔还从自由主义正义存在的前提条件出发，直接批驳自由主义的权利正义观。桑德尔指出，"在那些成员的价值和目标非常一致的、更为亲密的、固定的联合体中"，不足以产生"正义的环境条件"，[2]其中最为典型的联合体就是家庭。在家庭中，家庭成员很少吁求"个人权利和公平决策的程序"，不是因为家庭存在过分的不正义，而是因为"一种宽厚的精神成了家庭的优先诉求，在这种宽厚的精神中，我很少要求自己的公平份额"。[3]如果一个和睦的家庭陷入分裂和纷争，则争取权利的正义逐渐体现。所以，在这种情况下，正义恰恰表明人们之间良好关系的断裂，生存环境的恶化，正如"在和平环境下无端地表现身体的勇敢，恰恰证明了这种和平的断裂"一样。桑德尔指出，"如果一个长期的亲密的朋友出于一种误置的正义感而不断坚持要计算、支付每一次共同负担之费用中他所负担

---

[1] [美]迈克尔·J. 桑德尔：《自由主义与正义的局限》，万俊人等译，译林出版社2001年版，第208页。
[2] [美]迈克尔·J. 桑德尔：《自由主义与正义的局限》，万俊人等译，译林出版社2001年版，第38页。
[3] [美]迈克尔·J. 桑德尔：《自由主义与正义的局限》，万俊人等译，译林出版社2001年版，第41页。

的恰当份额，或者拒绝接受任何恩施与惠赠，除非在最严重的抗议和窘迫状况下，那么我将不仅对这种锱铢必较感到不自在，而且在某种意义上可能开始困惑于自己是否误解了我们的关系"，"既然在不适宜的条件下运用正义将导致联合体在道德品质方面的整体堕落，那么，在这种情况下，正义就不是一种美德，而是恰恰相反"。[1]因此，自由主义的权利正义观所体现的是人们道德品质的降低，不应是共同体中所倡导的正义观。

麦金太尔在区分"外在利益"与"内在利益"的前提下，主张在历史叙事中把握自我，也即主张在共同体中把握自我，批判权利观念，提倡美德。麦金太尔指出："那些预设了有权拥有某物的概念（诸如权利概念）的人类行为方式，总是具有极其具体的地方社会特性的；特殊类型的社会结构或实践的存在，是那种要求拥有权利的概念称为一种可理解的人类行为样式的必要条件。（作为一个历史事实，这类社会制度机构或实践并不普遍地存在于人类各种社会当中。）在缺乏任何这类社会形式的情况下声称一种权利，就像在一种没有货币机构的社会中签发支票付账一样可笑。"[2]在麦金太尔看来，权利并不是凭空存在的，而是有其存在的社会条件，而这种社会条件在人类历史上并不具有普遍性，因此权利在人类历史上也并非普遍存在的。麦金太尔进一步指出，"在中世纪临近结束之前的任何古代或中世纪语言中，都没有可以准确地用我们的'权利'一词来翻译的表达方式"，也就是说，"根本不存在此类权利，相信它们就如相信狐狸精与独角兽那样没有什么区别"，"为相信存在这类

---

[1] [美] 迈克尔·J. 桑德尔：《自由主义与正义的局限》，万俊人等译，译林出版社2001年版，第43~44页。
[2] [美] A. 麦金太尔：《追寻美德：伦理理论研究》，宋继杰译，译林出版社2003年版，第86页。

权利而提供各种好的理由的所有努力都已失败",包括从18世纪的"自明的真理"到20世纪的"直觉",都已表明"自然权利或人权"只不过是一种"具有高度特殊性质的虚构"。[1]而外在利益就是与权利观念联系在一起的。麦金太尔指出,"外在利益"的特征在于"每当这些利益被人得到时,它们始终是某个个人的财产与所有物。而且,最为独特的是,某人占有它们越多,剩给其他人的就越少";"内在利益"的特征在于"它们的获得有益于参与实践的整个共同体"。[2]因此,内在利益是与美德联系在一起的,而美德就是"一种获得性的人类品质,对它的拥有与践行使我们能够获得那些内在于实践的利益,而缺乏这种品质就会严重地妨碍我们获得任何诸如此类的利益"。[3]也就是说,"美德与外在利益和内在利益的关系截然不同。拥有美德是获得内在利益的必要条件;但拥有美德也可能全然阻碍我们获得内在利益"。[4]所以,在麦金太尔看来,权利和美德不属于同一种类,它们各自所追求的利益也不相同。权利有利于权利者自身,而美德有利于共同体。

在麦金太尔看来,个人与其所处的共同体密不可分,共同体对个人的身份确定以及个人对善的追求都具有一定的约束性。麦金太尔指出:"人生的统一性就是一种叙事探寻的统一性。"[5]

---

[1] [美] A. 麦金太尔:《追寻美德:伦理理论研究》,宋继杰译,译林出版社2003年版,第88~89页。

[2] [美] A. 麦金太尔:《追寻美德:伦理理论研究》,宋继杰译,译林出版社2003年版,第242页。

[3] [美] A. 麦金太尔:《追寻美德:伦理理论研究》,宋继杰译,译林出版社2003年版,第242页。

[4] [美] A. 麦金太尔:《追寻美德:伦理理论研究》,宋继杰译,译林出版社2003年版,第248页。

[5] [美] A. 麦金太尔:《追寻美德:伦理理论研究》,宋继杰译,译林出版社2003年版,第277页。

"我之所是主要地就是我所继承的东西,一种以某种程度呈现在我的现在之中的特定的过去。我发现自己是历史的一部分,并且一般而言,无论我是否喜欢它,无论我是否承认它,我都是一个传统的承载者之一。"[1]也就是说,个人的身份并不是自由选择的,而是由其所处的历史所决定的。而我所处的历史是与我所在的共同体是分不开的。因为"我的生活的故事始终穿插在我从其中获得我的身份的那些共同体的故事中。我与生俱来就有一个过去;而试图用个人主义的模式将我自身与这个历史切断,也就是要扭曲我现在的各种关系。历史身份的拥有与社会身份的拥有是重合的"。[2]这样,个人的身份就从一种历史的叙事中得到了确定,而个人对善的追求也要受到这种历史叙事的影响和约束。麦金太尔指出:

我永远不能仅仅作为个体去追寻善或践行美德。这部分是由于过善的生活要具体地随环境的变化而变化,即使它是完全相同的善的生活概念并且体现在个人生活中也是完全相同的一系列美德。一个公元前5世纪的雅典将军所谓的善的生活,不会与一个中世纪的修女或17世纪的农夫所谓的善的生活完全相同。但这不仅仅是因为不同的个体生活在不同的社会环境中,而且,我们都是作为特定社会身份的承担者与我们自己的环境打交道的。我是某个人的儿子或女儿,又是另外某个人的表兄或叔叔;我是这个城邦或那个城邦的公民,又是这个或那个行会的成员;我属于这个家族、那个部落、这个民族。因此,对我来说是善的东西必然对占据这些角色的人来说也是善的。这

---

[1] [美] A. 麦金太尔:《追寻美德:伦理理论研究》,宋继杰译,译林出版社2003年版,第281页。

[2] [美] A. 麦金太尔:《追寻美德:伦理理论研究》,宋继杰译,译林出版社2003年版,第280页。

样,我就从我的家庭、我的城邦、我的部落、我的民族的过去中继承了多种多样的债务、遗产、正当的期望与义务。这些构成了我的生活的既定部分、我的道德的起点。这在一定程度上赋予我的生活以其自身的道德特殊性。[1]

所以,个人对善的追寻是由其所身处的共同体决定的。也就是说,"个人对善的追寻,从一般性和特殊性上讲,都在一个由那些传统——个人的生活是其一部分——所界定的语境之内发生","我们每一个人自身生活的历史,一般地且特别地穿插在许多传统的更大更长的历史中,并且依据这些更大更长的历史才成为可理解的"。[2]而对这种传统的维护依赖于相关美德的践行。正如"古代与中世纪"中"政治共同体不仅需要美德的践行以维系自身,而且,使孩子成长为有德性的成年人是父辈权威的使命之一"。[3]

此外,麦金太尔也对以罗尔斯和诺齐克为代表的自由主义正义观进行了直接批评,指出罗尔斯和诺齐克强有力地阐明了一个共同的看法,即"将进入社会生活设想为——至少从观念上讲——至少是潜在地理性的诸个体的自愿的行为,他们带有先在的利益,从而不得不追问'进入与他人的何种社会契约关系对于我是合理的?'毫不奇怪,这必然导致,他们的各种观点都排除了有关人类共同体的任何解说,而在这样一种共同体中,与对共同体在追求共同利益中的共同使命作出贡献之应得观念,

---

[1] [美] A.麦金太尔:《追寻美德:伦理理论研究》,宋继杰译,译林出版社2003年版,第279页。

[2] [美] A.麦金太尔:《追寻美德:伦理理论研究》,宋继杰译,译林出版社2003年版,第282页。

[3] [美] A.麦金太尔:《追寻美德:伦理理论研究》,宋继杰译,译林出版社2003年版,第247页。

能够为有关美德与非正义的判断提供基础"。[1]也就是说,麦金太尔认为,以罗尔斯和诺齐克为代表的自由主义权利正义排除了基于为共同体利益做出贡献的"应得",而恰恰是这种"应得"才是在共同体中判断正义与否的标准。因此,麦金太尔说:"在把罗尔斯或诺齐克的原则与对于应得的诉诸相结合时,他们都显示出对于一种古老的、更为传统的、更为亚里士多德主义和基督教式的正义观念的执着。"[2]这一古老的传统至今还以"一种相对完整、较少扭曲的形式,存活在某些与其过去保持牢固的历史联系的共同体的生活之中",如"爱尔兰天主教徒、希腊正教徒和正统派犹太人"等。[3]

泰勒认为自我的确定在某种意义上就是自我的认同,而自我的确定也应在社会关系中进行,不是一种孤立的活动,从而反对自由主义那种孤立、抽象的自我。自我的确定就是要回答"我是谁"的问题,而对该问题的回答对我们而言就是要"理解什么对我们具有关键的重要性。知道我是谁,就是知道我站在何处"。这种自我定位就是自我的认同,是"由提供框架或视界的承诺和身份规定的,在这种框架和视界内我能够尝试在不同的情况下决定什么是好的或有价值的,或者什么应当做,或者我应赞同或反对什么"。所以,在现实中"知道你是谁,就是在道德空间中有方向感",而这种方向感实际上就是使我们自己能够在道德空间中的问题上具有判断能力,而"在道德空间中出现的问题"就是"什么是好的或坏的,什么值得做和什么不值

---

[1] [美] A. 麦金太尔:《追寻美德:伦理理论研究》,宋继杰译,译林出版社2003年版,第319页。
[2] [美] A. 麦金太尔:《追寻美德:伦理理论研究》,宋继杰译,译林出版社2003年版,第320页。
[3] [美] A. 麦金太尔:《追寻美德:伦理理论研究》,宋继杰译,译林出版社2003年版,第320~321页。

得做，什么对你是有意义的和重要的，以及什么是浅薄的和次要的"。[1]因此，泰勒指出，"我们不是在有机体的意义上是自我的，或者，在我们有心和肝的意义上我们并不拥有自我。我们是具有这些器官的生物，但这些器官是完全独立于我们的自我理解或自我解释或对我们具有意义的事物的，但是，我们只是在进入某种问题空间的范围内，如我们寻找和发现向善的方向感的范围内，我们才是自我"。[2]所以，仅仅从单纯的生物角度，我们根本无法确定自我；自我的确定有赖于我所处的道德社会关系，也就是"我通过我从何处说话，根据家谱、社会空间、社会地位和功能的地势、我所爱的与我关系密切的人，关键的还有在其中我最重要的规定关系得以出现的道德和精神方向感，来定义我是谁"[3]。一个人绝对不能仅仅基于"他自身而是自我"，而只有在与"某些对话者的关系"中才是"自我"。[4]

社群主义者米勒同样也认为社群对个人的认同具有极其重要的意义。他指出，"人们不仅把自己看作是本质上具有私人利益和私人动机的个体，也把自己看作是与社会单位相联系的个体，并以此来回答'你是谁'的问题"，"社群不仅是一种相对于其他人而言的感情上的归属感，它也因此而深深地进入认同。如果割断与社群的关系，个人的生活就将失去重要的意

---

[1] [加]查尔斯·泰勒：《自我的根源：现代认同的形成》，韩震等译，译林出版社2012年版，第39~40页。

[2] [加]查尔斯·泰勒：《自我的根源：现代认同的形成》，韩震等译，译林出版社2012年版，第49页。

[3] [加]查尔斯·泰勒：《自我的根源：现代认同的形成》，韩震等译，译林出版社2012年版，第50~51页。

[4] [加]查尔斯·泰勒：《自我的根源：现代认同的形成》，韩震等译，译林出版社2012年版，第52页。

义"。[1]在米勒看来，作为社群的成员，人们之间通过身份认同而相互承担义务和责任，每个社群成员都承认效忠于他所在的社群，都愿意牺牲个人的目标来促进整个社群的利益。[2]

综上所述，社群主义者之间尽管存在着理论上的分歧，但是他们在批判自由主义的基础上形成了一系列共识，认为任何个人都不是先验的、孤立的存在者，而是必定生活在一定的社群之中，而且他不能自由地选择其所处的社群；社群是个人的自我的构成性要素；社群对于个人而言是一种需要。[3]在社群中，个人利益与社群利益具有一致性。正如有学者所指出的那样，"共同体是一个'温馨'的地方，一个温暖而又舒适的场所。它就像是一个家，在它的下面，可以遮风避雨；它又像是一个壁炉，在严寒的日子里，靠近它，可以暖和我们的手。可是，在外面，在街上，却四处潜伏着种种危险；当我们出门时，要观察我们正在交谈的对象和与我们搭讪的人，我们每时每刻都处于警惕和紧张之中。可是在'家'里面，在这个共同体中，我们可以放松起来——因为我们是安全的，在那里，即使是在黑暗的角落里，也不会有任何危险"。[4]所以，共同体中的每一个成员都在从共同体中获得好处，从共同体中受益。但是，共同体成员从共同体中获得好处的必要前提条件之一就是共同体的存在、维持乃至共同体的繁荣与强大。人们可以从共同体的繁荣与强大中获得更多的好处。而共同体的维持和强大并非凭空

---

[1] [英]戴维·米勒：《市场、国家与社群：市场社会主义的理论基础》，牛津大学出版社1990年版，第234页，转引自俞可平：《社群主义》（第3版），东方出版社2015年版，第68页。

[2] 参见俞可平：《社群主义》（第3版），东方出版社2015年版，第77页。

[3] 参见俞可平：《社群主义》（第3版），东方出版社2015年版，第81页。

[4] [英]齐格蒙特·鲍曼：《共同体》，欧阳景根译，江苏人民出版社2007年版，序曲第2页。

发生，它需要共同体成员的共同努力和维护。如果一个共同体得不到其成员的拥护和维护，则其不可能成为一个繁荣、强大的共同体，甚至有可能消散。因此，要想得到"成为共同体中的一员"的好处，人们必须首先对共同体的维护付出努力，这也是人们获得共同体好处的一种"代价"。[1]共同体成员对共同体的维护就是其对共同体应当承担的责任和义务，以至于有学者明确指出"责任是共同体的精神组织"[2]。这种责任和义务是与共同体成员这一身份连在一起的，这种责任与身份之间的关系用桑德尔的话来说就是"有归属就有责任"[3]。

尽管共同体的成员对共同体承担一定的义务和责任在表面上看似乎是为了共同体的利益，但同时也是为了共同体成员的利益，因为，在共同体中，个人的利益与共同体的利益是一致的。正因为这样，共同体成员对共同体所付出的义务与责任是共同体成员的一种自觉自愿行为，而不是一种外在的强制，所以才有学者指出共同体最主要的美德就是"无限义务"[4]。

五、整体主义正义理论的环境保护启示

通过对整体主义正义理论的考察和分析，我们可以从中发现应对和解决当今世界人类共同面对的现代环境危机的正义基础，对现代环境保护事业具有重要的指导作用。

---

[1] [英]齐格蒙特·鲍曼：《共同体》，欧阳景根译，江苏人民出版社2007年版，序曲第6页。
[2] [美]菲利普·塞尔兹尼克：《社群主义的说服力》，马洪、李清伟译，上海人民出版社2009年版，第30页。
[3] [美]迈可·桑德尔：《正义：一场思辨之旅》，乐为良译，雅言文化出版股份有限公司2011年版，第233页。
[4] [美]菲利普·塞尔兹尼克：《社群主义的说服力》，马洪、李清伟译，上海人民出版社2009年版，第24页。

首先，从个体与整体的关系而言，整体主义正义理论与现代环境保护视野所追求的利益具有一致性，即都是整体利益。整体利益相对于个体利益而言具有序位上的优先性。因此，整体主义正义理论可以为现代环境保护事业提供正义理论支持。

尽管整体主义正义理论在从古代一直到近现代的发展演变过程中存在不同的观点、学说与主张，有些甚至明显与现代文明社会格格不入，但是，它们至少具有一个共同的特点，那就是它们都认为判断个人行为正当与否的一个重要标准就是个体能否促进其所在的整体（或绝大多数人）的利益。如果个体的行为有利于整体（或绝大多数人）的利益，则其行为就是正当的，也就具有了正义性；反之，就不是正义的。也就是说，整体主义正义理论首先关注和解决是个体与其所处整体之间的关系，其次才是个体的利益，并且其对个体利益的关注也是从有利于整体利益的角度出发的。如果把这种整体主义正义理论与现代的环境保护联系在一起，则其与环境保护的要求是一致的。整体主义正义理论有利于环境保护目标的实现。

现代环境保护事业应对和解决的现代环境问题在表面上体现为各种环境损害，如地球表面气温上升、土壤沙漠化、生物多样性锐减等，但这些环境损害实际上损害的是人类整体的利益。环境保护所要保护的环境实际上是人类整体的利益，即环境利益。尽管国内外学者对环境利益存在重大分歧，使环境利益似乎处于迷雾之中。但是，拨开环境利益争论的迷雾，我们不难发现，在关系意义上，环境利益就是良好的自然环境对人之人身利益和财产利益安全保障需要的一种满足；在客体意义上，环境利益就是良好的自然环境。环境法学中的环境利益指的是客体意义上的环境利益，其在本质上属于安全利益，具有整体性、秩序性、本底性和反射性。环境利益是人类整体的利益，具有不可分割性。[1]保护环境实际上就是对人类整体的环境利益的保护，但是保护环境只能是人类个体（自然人、法人、非法人组织、国家）的行为。并且，对环境的破坏也是出自人类个体的行为，是人类个体片面追求经济利益的必然后果。所以，环境保护实际上需要调整的是人类个体与人类整体之间的关系，解决的是人类个体的行为与人类整体的环境利益之间的关系问题。如果按照整体主义正义理论的要求，人类个体的行为应当促进人类整体的利益，也就是说只有当人类个体的行为有利于人类整体的环境利益的时候，该个体行为才是正当的，否则就不正当。因此，整体主义正义理论对现代环境保护具有积极的意义，与环境保护的价值取向具有一致性。

尽管整体主义正义理论强调实现整体利益的过程从总体上看都是个体对整体所承担的义务和责任，是个体对整体的一种付出，这种付出也许与个体利益具有一致性，如社群主义所主张的那样，也许与个体利益不具有一致性，如边沁功利主义所主张的那样，但整体主义正义理论并没有从根本上杜绝和消灭私人权利的存在，只不过在整体主义正义理论中，私人权利不具有首要的优先性，只是人们履行其促进整体利益这一义务和责任的一种方式和途径，是实现个体义务的一种手段。例如，追求最大多数人幸福的功利主义者密尔指出权利（自由）是实现"高级意义功利的工具"；[2]社群主义者认为权利不是一种先验的存在，是存在于一定的社群内部和一定的社会规则中的，是以社群的存在为前提的，也就是说，权利应当有利于社群的

---

[1] 刘卫先：《环境法学中的环境利益：识别、本质及其意义》，载《法学评论》2016年第3期。

[2] [英]韦恩·莫里森：《法理学：从古希腊到后现代》，李桂林等译，武汉大学出版社2003年版，第218页。

第五章　整体主义正义及其环境保护意义

维持，是增进社群利益的一种途径，否则权利将会消失。同样，在环境保护领域中，权利也有其存在的空间和必要性，但这种权利也只是人们履行其促进人类整体环境利益这一义务的一种方式和手段。例如，人们对环境事物的知情权和参与权，都是人们旨在增进人类整体环境利益的一种途径。正如耶林先生所指出的那样，对于集体而言，个人主张权利实际上就是一种"对集体的义务"。[1]耶林对此进一步解释道："权利人通过其权利来维护制定法，通过制定法来捍卫经济体不可或缺的秩序，那么谁会否认权利人因此同时履行了对集体的义务呢？如果集体有权利召唤权利人与外来的敌人作斗争，与之相对，为了集体，权利人应该牺牲身体和生命，为了反抗内部的敌人，为什么不可以这样做呢？内部的敌人使用与外部的敌人同样的方式，损害集体的存在"，每一个人都必须为了集体做出自己的贡献，这是每一个人的"使命和义务"，"当任意妄为和无法无天的九头蛇敢于出洞时"，每一个人都有责任和义务"踩扁它的头"。[2]所以，如果某一行为的最终目的是行为人所处的集体，即使该行为从表面上是个体行使权利的行为，但其在本质上已经不再是一种权利行为了，而是个体对其所处集体所承担的一种义务和责任。也就是说，此时的个人行使权利的行为只不过是履行其对集体所负的义务的一种方式和途径。

其次，社群主义正义理论尽管与现代环境保护思想具有高度的一致性，但是，由于人类在自由主义思想的浸润与控制下，无法使社群主义思想获得世界话语的主导权，从而使整体主义

---

[1]　[德]鲁道夫·冯·耶林：《为权利而斗争》，郑永流译，法律出版社2007年版，第25页。
[2]　[德]鲁道夫·冯·耶林：《为权利而斗争》，郑永流译，法律出版社2007年版，第27~28页。

整体主义环境正义论

环境正义的实现并非一帆风顺。

自由主义正义观离不开自由主义的核心思想。对自由主义核心思想的揭示，在一定程度上也是对自由主义正义理论本质的揭示。自由主义思想虽然可能存在其古代渊源，并直接萌芽于文艺复兴所倡导的"人文主义"思想，[1]但它作为一种系统的哲学思想理论最早由英国著名哲学家霍布斯所表述出来，后经洛克、卢梭、康德等自由主义思想家的不断发展而达到顶峰。虽然不同的自由主义思想家的具体观点可能存在不一致之处，但它们作为自由主义思想的一个组成部分，其核心的主张都是权利。自由主义思想实质上就是一种"权利"理论，其核心原则就是"权利优先于善"。[2]自由主义正义理论是一种关于权利的理论，展示的是人们对体现其利益的权利的争夺和妥协。虽然没有一位自由主义思想家这样来表述自己的正义观，但我们可以从他们所描述的"正义的环境"——正义存在的前提条件中可以明确看到这一点。[3]"正义的环境"毫不隐瞒地给我们展示了这样一幅"生动"的正义场面：一群自私的人忙于对财富的创造、争夺并在分配上达成妥协，目的是实现个人利益的最大化。自由主义正义是个体之间的正义，表现的是个体之间在你争我夺基础上的妥协。"自私是建立正义的原始动机"，[4]如果没有"我的"和"你的"这个区别，那么，"正义和非义等概念也就随之而不存在"[5]。但是，为了实现个人财富的最大

---

[1] 李强：《自由主义》，吉林出版集团有限责任公司2007年版，第29~44页。

[2] 姚大志：《何谓正义：当代西方政治哲学研究》，人民出版社2007年版，第445页。

[3] 刘卫先：《环境正义新探——以自由主义环境正义理论的局限性和环境保护为视角》，载《南京大学法律评论》2011年第2期。

[4] [英] 大卫·休谟：《人性论》，关文运译，商务印书馆1980年版，第540页。

[5] [英] 大卫·休谟：《人性论》，关文运译，商务印书馆1980年版，第534页。

化，自私的人们在其有限理性的指导下去努力创造财富、争夺财富，以至实现人们之间的妥协。如果我们将视野转向人与自然之间的关系，则自由主义正义展示的是斗志昂扬的人们联合起来挥舞工具向大自然进军的场景，它鼓励人们对自然进行掠夺式开发和利用，以求获得个人财富的最大化。这种正义虽然在一定程度上满足了人们的物欲，给社会带来了丰富的物质财富，使人类避免了饿殍满地、白骨露于野的悲惨景象，但其必然结果就是使自然环境越来越不适于人类生存，全球性环境危机的爆发在某种意义上就是自由主义正义的结果。

现有的环境正义理论把环境正义理解为对环境物品（利益）与环境负担进行分配的一种正义，其在空间维度上包括三种类型，即国内环境正义和国际环境正义，而国内环境正义又包括城乡环境正义、区域环境正义以及环境邻避运动所追求的环境正义等。这种环境正义肇始于20世纪80年代的美国，是美国20世纪50年代的人权运动和始于60年代的环境运动相结合的产物，其目的是保护黑人及其他少数民族、穷人等社会弱势群体的人权免遭因环境污染所至的不公平侵害。这种环境正义是借势环境运动的影响力去实现保护人权（更确切地说是社会弱势群体的人权）的目的，并非像环境运动那样是为了保护环境，其在本质上与自由主义正义没有什么区别。现有环境正义理论发展到当今，尽管其核心目的逐渐由当初的保护弱势群体的人身权益和财产权益转向了有效保护自然环境，但是，现有的环境正义理论由于自身的缺陷根本无法实现环境保护这一目的。环境正义理论要想发展成为一种独立的能够实现环境保护目的的正义理论，必须寻求实现保护环境的新的正义途径，即向整体主义正义理论靠拢。社群主义思想虽然在世界范围内对自由主义思想进行了强烈而广泛的批驳，但它目前仍然无法取代自

整体主义环境正义论

由主义思想而成为世界理论话语权的主导者。因此，要想实现整体主义环境正义，我们必须汲取社群主义正义理论的精华，克服自由主义正义对世界正义理论话语的支配。

最后，以追求城邦利益为目的的整体主义正义虽然具有现代环境保护意义，但由于它所处的特殊时代，其本身在当时并没有起到环境保护作用。现代环境危机是人类在工业革命以后对大自然进行掠夺性开发和利用的产物，是现代人类所面临的新问题。这种环境危机告诉我们，人类只有一个地球，人类暂时还没有找到可以用来躲避环境危机的"安全港"。所以，当这种环境危机来临时，人类无处可逃，只能加以应对。人类要想应对现代环境危机，必须使人类的整体利益优先，在正义观上采取整体主义正义观。古代追求城邦利益的整体主义正义观虽然与现代环境保护思想相契合，但是当时人类并没有面临现代环境危机，人们自然也就无法意识到用城邦正义去解决环境问题。尽管有历史学家将部分古代文明的灭亡归因于环境破坏，如玛雅文化的衰亡等，[1]但这毕竟不是整个人类所共同面临的问题。整个地球在当时还有大量的空间供人类迁徙和躲避局部的环境恶化。所以，追求城邦利益的整体主义正义理论在当时的主要目的是城邦的繁荣和强大，而没有注意到城邦环境的保护。

总之，整体主义正义理论把维护和增进整体利益作为其出发点和归宿，把是否有利于整体利益作为判断个体行为正当与否的标准，可以为人类整体的环境利益的保护提供理论上的支持和借鉴。但是，在当今自由主义仍然主导着世界理论话语权的背景下，旨在保护环境的整体主义正义的实现还有很长的路需要走。

---

[1] [德] 约阿希姆·拉德卡:《自然与权力：世界环境史》，王国豫、付天海译，河北大学出版社2004年版，第34页。

第六章
走向整体主义的环境正义

笔者在前文已经指出,现有的环境正义理论实际上就是自由主义分配正义在环境问题上的具体应用,并不是什么新型的正义理论,这样的环境正义理论根本无法实现其有效保护环境和正义的目的。环境正义作为在现代环境危机背景下诞生的新型正义,理应以保护自然环境、解决现代环境问题为直接目的。由于自由主义分配正义的局限性导致其不可能为环境正义提供现存的理论基础和模板,旨在保护环境的环境正义必须从自由主义分配正义(个体主义正义)走向整体主义正义。但是,在整体主义正义理论类型多样的情况下,环境正义究竟应当走向哪种整体主义正义理论,或者诸多整体主义正义理论究竟能够给环境正义提供什么支持和指导?作为整体主义正义之一的环境正义究竟是什么正义?这就是本章所要探讨的问题。

一、环境正义的整体主义取向

环境正义要想实现有效保护环境的目的,必须从整体主义的立场出发,放弃单纯追求个体眼前利益的个体主义立场。这既是由环境本身的特点决定的,也是由环境风险、环境危机以及在环境风险与危机下人与人之间的关系决定的。

什么是环境,它的外延是什么?不同学科领域的不同学者对此存在不同看法,即使在环境法学领域,相关规范性法律文件以及学者对环境也存在不同认识。无论是从中文还是从英文（environment）的字面上来看，环境指的是"环"之"境"，即围绕某一中心周围的情况。所以，对环境的理解离不开两个要素，即"中心"和"周围情况"。中心不同，环境所指不同。即使中心相同，周围的空间范围不同，环境所指亦不同。如生态学所关注的环境是以生物为中心，指生物的生存环境，又称生境；环境科学所关注的环境是以人为中心；等等。

环境法是人制定或认可的规范，通过权利义务关系调整人的行为，为人的利益服务，其所关注的环境是以环境科学的环境为基础，也即以人为中心的环境。随着人类科学技术水平的进步与提高，人类的活动范围也不断扩大。从居住的地面到雪域之巅，从陆地到大洋洋底，从丛林到沙漠，从适居的中低纬度地带到冰封的两极，从地球到月球乃至太空，都留有人类活动的"足迹"。伴随着人类活动范围的扩大，人类周围的情况也不断扩张并逐渐复杂化，导致环境科学所关注的环境也在不断扩大。从某种意义上讲，凡是与人类的活动、生存与发展有关的，能够对人类的生存和发展产生影响的情况，包括地球的运转情况、太阳的光照情况、大气的环流情况、月球的环绕情况等，都属于环境科学所关注的环境的范围。环境科学为环境法提供科学基础。环境科学对环境的探明有利于环境法对环境的确定。

尽管如此，并非环境科学所关注的环境都应当成为环境法所保护的环境。环境法中的环境与环境科学中的环境应当有所区别。决定这种区别的主要原因在于环境法学与环境科学的不同的学科属性及其学科使命。环境科学属于自然科学，其任务在于通过描述客观事实而解释世界；环境法学属于人文社会科学，其任务在于作出价值判断，告诉人们应当如何行动，进而指导人们改造世界。人的行动虽以对客观事实的准确把握为基础，但人的能力有限，并不能改造所有的客观事实，比如太阳。所以，人文社会科学虽以自然科学为基础，但其指导人们改造的对象并不是自然科学所描述的所有对象。因此，环境法学所能保护的环境只能是环境科学所探明的环境的一部分，也即人的行为所能影响和改变的那部分环境。尽管如此，人们对环境法学所关注和保护的环境仍存在不同认识。

1972年6月5日，联合国人类环境会议在瑞典首都斯德哥尔摩召开，这标志着环境问题受到全人类共同关注的真正开始，也是"世界环境日"的开端。这次会议向全世界宣告人类所关注和保护的环境就是"人类环境"，也即该会议所达成的共识——《人类环境宣言》中多次强调的"人类环境"。但是这种"人类环境"究竟是什么环境？《人类环境宣言》并没有作出明确规定。从《人类环境宣言》的文本中我们似乎可以发现，《人类环境宣言》所指的"人类环境"实际上就是人类所赖以生存的地球，是地球环境。《人类环境宣言》的原则六明确指出："现在已达到历史上这样一个时刻：我们在决定在世界各地的行动时，必须更加审慎地考虑它们对环境产生的后果。由于无知或不关心，我们可能给我们的生活幸福所依靠的地球环境造成巨大的无法挽回的损害。……为了这一代和将来的世世代代，保护和改善人类环境已经成为人类一个紧迫的目标……"《人类环境宣言》告诉人们，由于人类以前的"无知或不关心"而导致"地球环境"遭受到"巨大的无法挽回的损害"。面对这种情况，人类已经处在一个历史的转折时刻，即人类不能再继续损害"地球环境"，人类在行动时必须"更加审慎地考虑"其对地球"环境"造成的影响。只有地球环境才是"这一代和将来的世世代代"所赖以生存的基础，所以，保护和改善地球环境才是人类的一个紧迫目标。并且,《人类环境宣言》的原则一清楚地指出:"人类既是他的环境的创造物,又是他的环境的塑造者,环境给人以维持生存的东西,并给他提供了在智力、道德、社会和精神等方面获得发展的机会。生存在地球上的人类,在漫长和曲折的进化过程中,已经达到这样一个阶段,即由于科学技术发展的迅速加快,人类获得了以无数方法和在空前的规模上改造其环境的能力。人类环境的两个方面,即天然和人为的两个方面,对于人类的幸福和对于享受基本人权,甚至生存权利本身,都必不可缺少的。"所以,生存于地球上的人类和地球环境是相互作用的。这种作用的结果就是使地球环境增加了人为的因素。尽管如此,《人类环境宣言》所重点关注的地球环境还是自然环境,也即天然的环境,即使这种环境中含有人为的因素,也不影响其自然环境属性。比如,《人类环境宣言》在"共同信念"中所强调的"地球上的自然资源,其中包括空气、水、土地、植物和动物,特别是自然生态类中具有代表性的标本""再生资源的能力""野生生物后嗣及其产地""海洋生物舒适环境"等都是天然的环境要素,而不是人为的环境。

  1982年联合国大会通过的《世界自然宪章》再次确认了地球环境对人类的重要性以及人类要对地球环境进行保护。《世界自然宪章》认识到"人类是自然的一部分,生命有赖于自然系统的功能维持不坠,……文明起源于自然,自然塑造了人类的文化……"深信"人类的行为或行为的后果,能够改变自然,耗尽自然资源;因此,人类必须充分认识到迫切需要维持大自然的稳定和素质,以及养护自然资源",确信"从大自然得到持久益处有赖于维持基本的生态过程和生命维持系统,也有赖于生命形式的多种多样",所以要求人类要遵守"应尊重大自然,不得损害大自然的基本过程"等一般原则。这里的"自然"

"自然系统""生命维持系统""大自然的基本过程"等,实际上都是地球环境的组成部分。

此外,国内外的其他规范性环境法律文件也有对环境的不同规定。如《阿拉伯联盟环境与发展宣言》第1条将环境界定为"环绕人周围的一切";澳大利亚塔斯玛尼亚州1973年《环境保护法》将环境界定为"地球的土地、水和大气",加拿大《环境法》将环境界定为"地球的组成部分,包括:①大气、土地和水;②所有大气层;③所有有机物质、无机物质和生物体;④相互影响的自然系统,包括第①项至第③项所提到的成分";我国《环境保护法》第2条将环境界定为"影响人类生存和发展的各种天然的和经过人工改造的自然因素的总体,包括大气、水、海洋、土地、矿藏、森林、草原、湿地、野生生物、自然遗迹、人文遗迹、自然保护区、风景名胜区、城市和乡村",等等。

尽管这些规范性法律文件对环境的表述不一致,但它们所关注的环境都是较大范围的地球环境,是对人类的生存和发展产生影响的自然环境(也许含有人为的因素),而不是只对某个人或某几个人产生影响的室内环境或房前屋后的环境。这种环境一旦遭受损害,其影响的时空范围一般较广,其受害主体一般数量较多且具有不确定性,呈现出明显的区域整体性甚至是全球性。其实,现代生态学的研究成果早已告诉我们,整个地球就是一个大的生态系统,是一个有机的整体,是一个"封闭的循环",[1]其中包含着无数个次级以及再次级的小的生态系统。这些系统的构成要素之间不停地进行着物质循环、能量流动、信息交流和传递等,以保持着系统的相对平衡。其中任一局

---

[1] 参见[美]巴里·康芒纳:《封闭的循环——自然、人和技术》,侯文蕙译,吉林人民出版社1997年版。

部系统的要素发生变化都可能影响更大范围的系统的稳定性。蝴蝶效应[1]就是这种系统整体性的直观表现。科学家在南极企鹅体内检测出DDT也是地球生态系统整体性的一个例证。正因为如此,才有学者直接指出环境法所保护的环境具有"整体性",并且这种整体性"不会因行政区划的改变而改变,不会因国界的变更而变更,不会服从关于地理变更的行政命令或司法判决"。[2]

地球环境的整体性不仅得到了生态学家的证实,而且也得到了环境经济学家或生态经济学家的认可。传统的经济学理论一般都将环境资源视为财产,认为它是经济系统的一个变量;自然系统被包含在经济系统之中。但是,生态经济学的理论告诉人们,人类的整个经济系统只不过是地球生态系统的一部分。正如有学者所指出的那样,"传统经济学将经济(整个宏观经济)视为一个整体,在这样的愿景下,自然或环境被视为宏观经济的组成部分或部门——森林、渔业、草地、矿业、油井、生态旅游景点等。然而,生态经济学认为宏观经济只是一个包含内容更多、更有支撑能力的整体(即地球、大气圈和生态系统)的一部分。经济只是这个大的'地球系统'的一个开放子系统。"[3] "经济包含在环境之中(而不是与之相悖),它是'生物圈'的'从属系统'","离开环境,经营活动根本无法

---

[1] 蝴蝶效应(The Butterfly Effect)是指在一个动力系统中,初始条件下微小的变化能带动整个系统的长期的巨大的连锁反应。对于这个效应最常见的阐述是:"一只南美洲亚马孙河流域热带雨林中的蝴蝶,偶尔扇动几下翅膀,可以在两周以后引起美国得克萨斯州的一场龙卷风。"其原因就是蝴蝶扇动翅膀的运动,导致其身边的空气系统发生变化,并产生微弱的气流,而微弱的气流的产生又会引起四周空气或其他系统产生相应的变化,由此引起一个连锁反应,最终导致其他系统的极大变化。

[2] 徐祥民主编:《环境法学》,北京大学出版社2005年版,第33页。

[3] [美]Herman E. Daly, Joshua Farley:《生态经济学——原理与应用》,徐中民等译校,黄河水利出版社2007年版,第17页。

进行",而环境是"有限"的,因此,"有关工业革命以来暴涨的环境利用程度可以无止境地继续下去的假说,已经被证明只是一种幻想"。[1]人类经济系统作为地球生态系统的一个组成部分,其运行不能够违反生态系统的客观规律,否则,后果只能是地球生态系统的破坏,进而危害人类的生存和发展。正如恩格斯早在19世纪向人们发出的警告所指出的那样,"我们不要过分陶醉于我们对自然界的胜利。对于每一次这样的胜利,自然界都报复了我们。每一次胜利,在第一步都确实取得了我们预期的结果,但是在第二步和第三步却有了完全不同的、出乎预料的影响,常常把第一个结果又取消了"。[2]恩格斯警告我们,人们为了追求经济利益和物质财富而不计后果的大肆开发掠夺大自然,尽管可以在短期内获得预期的物质满足,但是这种开发掠夺行为破坏了大自然的生态系统,使生态灾难经过较长时间积累后显现出来,进而侵害并实际上"剥夺"了人们的物质财富。这一警告其实适用于人类所有的经济活动。如果将自然环境视为经济系统的一个组成部分,实际上在某种程度上就是将自然环境变成商品,其结果就是"摧毁人类",并将自然环境变成"荒野"。[3]所以,在传统的经济理论中,人们对自然环境采取的是片面的、局部的、破碎的观点和视角,把各种环境要素孤立和肢解开来,成为人们占有、拥有和控制的财产,生产的原材料。尽管这种看法和观点也与现实中人们的生产和经济活动的表面现象相符合,但其实际上已经违背了自然环境

---

[1] [德] 弗里德希·亨特布尔格、弗莱德·路克斯、玛尔库斯·史蒂文:《生态经济政策:在生态专制和环境灾难之间》,葛竞天等译,东北财经大学出版社2005年版,第14页。
[2] [德] 恩格斯:《自然辩证法》,人民出版社1971年版,第159页。
[3] 参见 [英] 卡尔·波兰尼:《巨变:当代政治与经济的起源》,黄树民译,社会科学文献出版社2013年版,第27~52页。

的生态整体性事实,进而遭到现代生态经济学的批判和修正。现代生态经济学理论正是建立在确认和尊重地球生态系统整体性的基础之上的。

地球环境的整体性与环境危机的区域性乃至全球性相呼应。地球环境的整体性使现代环境危机也具有整体性的特点。所谓的环境危机并不是环境自身的危机,而是人类的危机,是环境遭受损害进而威胁到人类的生存和发展给人类带来的一种危机。其实,世界环境史的有关研究成果已经告诉人们,人类因环境损害而遭受灾难乃至某种文化的灭亡早在工业革命以前就存在。玛雅文明的灭亡就是其中一例。[1]但是,从整体上看,地球环境在人类渔猎文明和农业文明时期尚处于适合人类生存的良好状态。尽管由于人类不正当的渔猎和农耕而导致某一局部地区自然环境的恶化乃至不适宜人类的生存,人们还是可以采取迁移等方式转移到适合其生存的地方。工业革命以后,在客观上,科技水平的提高不仅大大增强了人类改造世界的能力,使人类的活动范围大大扩展,而且还通过化学合成生产出自然界中没有且难以降解的有毒有害物质;在主观上,启蒙运动使人类(主要是西方)摆脱了宗教与神灵世界的统治,增强了人的自我意识和主体意识,在尼采高呼"上帝死了"的同时,人类成了世界的主人和新统治者。基于此,在思想上不受约束的人类借助科技手段,对大自然为所欲为地进行大肆开发和掠夺,这极大地改善了人类的物质生活水平。正如马克思所指出的那样,资产阶级在它统治不到一百年的时间里所创造的物质财富比它之前所有时代所创造的物质财富的总和还要多还要大。然而,人类在自主思想支配下的贪婪物欲就像"潘多拉魔盒"一样,

---

[1] 参见[德]约阿希姆·拉德卡:《自然与权力:世界环境史》,王国豫、付天海译,河北大学出版社2004年版,第34页。

一旦打开便难以控制。欲壑难填，最终把人类一步一步地引入现代环境危机的深渊。所以，现代环境危机是现代社会物质富裕的一个伴生物，是人类片面追求物质财富的行为给自然环境造成的一种副作用，是人类对自然环境的影响超出了自然环境本身所能承载的负荷而导致自然环境崩溃的一种表现。现代环境危机从其开始爆发时就向人们展示其具有区域整体性的特征，如世人皆知的"旧八大公害事件"[1]和"新八大公害事件"[2]。如果说这些公害事件表明的还只是区域环境的整体性，那么，地球表面气温的升高、臭氧层空洞的扩大、生物多样性的锐减、热带雨林面积的缩减、资源的枯竭等全球性环境问题的凸显已经告诉人们地球环境具有整体性。这种整体性的环境遭受损害，其最终的受害者是全人类。这种全球性的环境危机也就是全人类共同面临的危机。在这种危机中，没有人能够独善其身。"覆巢之下无完卵"揭示的就是这个道理。

其实，无论是区域性的环境危机还是全球性的环境危机，在本质上都是一致的。全球性的环境危机体现的是全球性的环境问题，区域性的环境危机体现的是区域性的环境问题。二者都是环境问题在不同空间范围的显现。而环境问题，要么为环境污染要么为环境破坏，在本质上都是原有环境品质的恶化，也即环境损害。由于地球生态系统具有整体性，局部的环境损

---

[1] 即1930年比利时马斯河谷事件、1948年美国宾夕法尼亚州多诺拉事件、1943年美国洛杉矶光化学烟雾事件、1952年英国伦敦烟雾事件、1961年日本四日市哮喘事件、1968年日本北九州市、爱知县一带的米糠油事件、1953~1956年日本熊本县水俣市的水俣病事件、1955~1972年日本富山县神通川流域的痛痛病事件。

[2] 20世纪80年代发生的意大利塞维索化学污染事故、美国三里岛核电站泄漏事故、墨西哥液化气爆炸事件、印度博帕尔毒气泄漏事件、苏联切尔诺贝利核电站泄漏事故、瑞士巴塞尔赞多兹化学公司莱茵河污染事故、全球大气污染和非洲大灾荒等。

害也可能会进一步累积、迁移、扩大，进而造成更大范围的环境损害，乃至全球性的环境损害，如某一流域的环境污染会影响到流域之外环境、巴西热带雨林的大面积砍伐会给地球的气候系统造成不良影响、印度排放的二氧化碳会影响整个地球的表面气温等。所以，环境的整体性决定着环境损害的整体性和环境危机的全人类性。

如果说现代环境危机是已经表现出来的环境损害，而由于环境损害具有不可逆性等特点决定着人们在应对环境危机时除了要对已有的环境损害进行修复、治理外，更重要的是要预防新的环境损害的发生。也就是说在环境存在损害的风险时，人们就应当采取一定的措施，防止风险的进一步恶化和加剧，也即防范环境风险。然而，现代环境风险也具有整体性，对其防范也需要整体性的应对措施。

德国著名社会学家贝克先生曾经指出，现代环境风险除了具有"非直接感知性""科学不确定性""建构性"特征之外，[1]还具有明显的"全球性和平等性""强制性"和"自反性"。现代环境风险对整个人类来说是全球性的威胁，虽然在某些方面它们还伴随着阶级和阶层地位的不平等性而导致局部暂时的风险地位的不平等：财富在社会上层聚集，而风险在下层聚集。贫穷弱小的社会底层人因为害怕失去收入而接受更高的忍受限度，而且处理、避免或补偿风险的可能性和能力在不同的职业和不同受教育程度的阶层之间也是不平等地分配的。但这种表面的现象并没有触及现代环境风险分配逻辑的核心。全球性的现代环境风险对所有人所有国家都是平等的，"化学烟雾是民主的"，食物链实际上将地球上所有的人连接在一起，环境风险在

---

[1] 参见［德］乌尔里希·贝克：《风险社会》，何博闻译，译林出版社2004年版，第18~27页。

第六章　走向整体主义的环境正义

边界之下蔓延，空气中的酸性物质不仅腐蚀雕像和艺术宝藏，而且早就引起了现在习惯屏障的瓦解，即使是"加拿大的湖泊也正在酸化"，甚至"斯堪的纳维亚最北端的森林也在消失"。[1]现代环境风险具有"飞去来器效应"，以一种整体的、平等的方式损害着每一个人，那些生产风险或从中得益的人迟早会受到风险的报应，即使是富裕和有权势的人也无法逃脱。在现代化风险的屋檐之下，罪魁祸首与受害者迟早会统一起来，"被影响"的"阶级"并没有面对一个不受影响的"阶级"，而至多面对一个还没有被影响到的人组成的"阶级"。虽然发达国家把危险的工业转移到低工资的第三世界国家，在国际上出现极端的贫困和极端的风险之间系统"吸引"的现象，但"飞去来器效应"精确地打击着那些富裕的国家。发达国家曾经希望通过将危险转移到国外来根除它们，却又不得不进口廉价的食物，杀虫剂通过水果、可可和茶叶回到了它们高度工业化的故乡。风险的倍增促使世界社会组成了一个危险社区，环境风险就像"狭窄的中世纪城市中穷人的传染病"一样，不会绕过那些世界社区里的富裕邻居。[2]

这种具有全球性和平等性的现代环境风险是现代社会中的人们所无法逃脱的，具有强制性。现代环境风险是人为的产物，是现代工业制度的"副产品"，是现代工业文明所强加的。社会财富的不平等分配给现代环境风险的生产提供了无法攻破的"防护墙"和正当理由，并使之合法化。传统阶级社会的确实性是"可见性文化"的确实性，如饥饿憔悴与饱食肥满、宫殿与

---

[1] [德]乌尔里希·贝克：《风险社会》，何博闻译，译林出版社2004年版，第36~39页。

[2] [德]乌尔里希·贝克：《风险社会》，何博闻译，译林出版社2004年版，第39~49页。

· 181 ·

棚屋、华丽与褴褛相对照。而这些明确有形的性质在环境风险中不再能够保持,在可感知的财富与不可感知的风险的竞赛中,后者不可能取得胜利。人们总能在对有形需要的消除中找到正当的理由去忽视在任何情况下都不可感知的风险,这是风险和威胁生长、开花和繁殖的文化和政治土壤。在阶级、工业和市场问题与环境风险问题相互重叠和竞争中,依据权力关系和重要性标准,财富生产的逻辑总能够取得胜利,而就是因为这个原因,作为财富生产系统副作用的环境风险成了最后的胜利者。[1]毒物和污染与工业界的自然基础和基本生活纠缠在一起,人无论出生在哪里,都不可能以任何行为来脱离它,处于环境风险地位已经是工业社会中人们的"命运"。[2]在工业社会的控制逻辑中,环境风险的扩散带来了新的商业机会,而新的商业机会反过来又带来更多更大的风险,在这样的一个怪圈中,环境风险是"自我参照的","饥饿和需要都可以满足,但文明的风险是需求的无底洞"。[3]

并且,现代环境风险是现代工业社会自身的产物,反过来又侵蚀和摧毁现代工业社会的基础。现代环境风险不仅是自然和人类健康的次级问题,而且是这些副作用所带来的社会的、经济的和政治的后果——市场崩溃、资本贬值、对工业决策的官僚化审查、新市场的开辟、巨额浪费、法律程序和威信的丧失。[4]现代

---

[1] [德] 乌尔里希·贝克:《风险社会》,何博闻译,译林出版社 2004 年版,第 50 页。

[2] [德] 乌尔里希·贝克:《风险社会》,何博闻译,译林出版社 2004 年版,第 44~45 页。

[3] [德] 乌尔里希·贝克:《风险社会》,何博闻译,译林出版社 2004 年版,第 21 页。

[4] [德] 乌尔里希·贝克:《风险社会》,何博闻译,译林出版社 2004 年版,第 22 页。

环境风险"既不能以时间也不能以空间被限制,不能按照因果关系、过失和责任的既存规则来负责,不能被补偿或保险"。[1]它毁掉了"风险微积分学的基本支柱",破坏或取消福利国家现存的风险计算的既定安全制度。[2]它逐渐破坏了国家司法的秩序,以污染流通的普遍性和超国家的观点来看,即使是巴伐利亚森林一片草叶的生命,最终也将依赖于国际协议的制定和遵守。[3]环境问题只能以一种客观上有意义的方式加以解决,这在于跨越边界的谈判和国际协议,相应地也在于跨军事同盟的会议与协议。[4]面对现代环境风险,人们不再关心获得"好的"东西,而是关心如何预防更坏的东西。如果说阶级社会的驱动力可以概括为:"我饿!"那么在现代环境风险中人们的驱动力可以表达为:"我害怕!"每一个人都应该免受毒害,自我限制作为一种目标出现了,焦虑的共同性取代了需求的共同性。[5]从而改变了传统工业社会的整个运行逻辑。

所以,现代环境风险的全球整体性需要世界各国采取密切配合、协调一致的整体性应对措施,仅靠部分国家或地区的努力是无法有效应对现代环境风险的。

其实,环境的整体性、环境危机与环境风险的全球性及其应对的共同性已经把生存于环境中的人们紧密地联结起来。在

---

[1] [德]乌尔里希·贝克:《世界风险社会》,吴英姿、孙淑敏译,南京大学出版社2004年版,第101页。

[2] [德]乌尔里希·贝克:《世界风险社会》,吴英姿、孙淑敏译,南京大学出版社2004年版,第72页。

[3] [德]乌尔里希·贝克:《风险社会》,何博闻译,译林出版社2004年版,第21页。

[4] [德]乌尔里希·贝克:《风险社会》,何博闻译,译林出版社2004年版,第54页。

[5] [德]乌尔里希·贝克:《风险社会》,何博闻译,译林出版社2004年版,第56~57页。

环境系统中，每一个人既是环境的致害者同时又是环境风险的受害者。尤其是在现在全球化背景中，情况更是如此。美国环境政治学者利普舒茨曾经讲述的"香蕉的故事"就是一个典型例证。"故事"主要内容如下：

……从香蕉的种植到食用，这中间经历了很多道程序，其中一些带来了意想不到的环境问题。有的是相对地域性的影响，比如，化肥流进不远处的小溪里，杀死了溪里的鱼儿；杀虫剂毒死了鸟儿；化学物品损害了工人的健康。其他的则具有全球性的影响。在香蕉的商品链、生产和销售过程中，从船运到会损害其果皮的卡车装运，每一步都会产生温室气体。而带有化学物质残余的香蕉，最终成了世界范围内人们的早餐、午餐以及开胃食品。所有这些都与现代生活中复杂的社会组织密切关联，而你我也是其中的一部分。……2001年，世界香蕉的产量达6000万吨，出口量达1200万吨，这使得香蕉在世界市场上成为仅次于谷物、糖类、咖啡和可可的第五大出口农产品。世界上主要的香蕉生产国有哥伦比亚、哥斯达黎加、厄瓜多尔、危地马拉和菲律宾。而欧洲、日本、美国的香蕉消费量就占了这些国家出口总量的2/3。在欧盟，平均每人每年的香蕉消费量为22磅，在美国更是超过25磅。而美洲中部的香蕉树每年每亩化学药剂如杀菌剂、杀虫剂、除草剂、杀线虫剂、化肥和消毒剂的用量高达30磅。因此，大量的化学药剂也随着香蕉一起到了欧洲和美国。……也许你不喜欢香蕉。然而，你可能喜欢苹果、梨子、汉堡包、棉T恤、汽油、塑料瓶或CD以及其他从某地生产，然后漂洋过海，在你的居住地出售的成千上万产品中的任何一个。而香蕉就与这些产品一样，是一种商品。你每天购买、消费的就是这些商品。然而，这些商品无论是在生产、运输、消费还是种植、品尝、果皮被扔掉的过程中，肯定会对环境产

第六章　走向整体主义的环境正义

生影响。……借助我们称之为"资本主义"的体系，你已经深深地卷入全球环境现状及其命运当中。这并不意味着你直接导致了全球环境问题的产生，但你却不能逃脱对正在发生的一些事情的责任，例如全球变暖、臭氧层空洞、物种灭绝、海洋污染、森林砍伐、农药中毒以及其他环境问题。[1]

这个故事很形象地向我们描述了环境风险是如何在发达国家、发展中国家进行全球性流动和转移的。在现实生活中，也许我们每一个人都不认为自己是环境问题的制造者，是全球性环境危机的推手，但事实确实如此。并且，环境风险因具有贝克所说的"飞去来器效应"而具有全球平等性，无论是发达国家的居民还是发展中国家的居民，无论是富人还是穷人，都平等地遭受着环境风险的威胁。发达国家将其高污染企业、环境高危险企业以及有毒有害废弃物转移、倾泻到发展中国家的做法实际上是不明智的，这些危险物质最终会伴随着食品、日用品等商品一起返回到发达国家。因此，现代环境危机与环境风险实际上已经将全世界人们紧密地联系在一起。也正是环境问题的世界关联性才促使人们发出"只有一个地球"[2]"我们共同的未来"[3]等世界性呼声。

当然，也有个别学者表达相反的观点，指出"我们没有共同的未来"，认为"现实的问题是破坏环境的人往往并不承担环境恶化的后果，同样，掠夺自然资源、对自然环境造成毁灭性

---

[1] [美]罗尼·利普舒茨：《全球环境政治：权力、观点和实践》，郭志俊、蔺雪春译，山东大学出版社2012年版，第2~3页。

[2] [美]芭芭拉·沃德、勒内·杜博斯：《只有一个地球——对一个小小行星的关怀和维护》，《国外公害丛书》编委会译校，吉林人民出版社1997年版。

[3] 世界环境与发展委员会：《我们共同的未来》，王之佳等译，吉林人民出版社1997年版。

破坏的强势人群也往往并不需要担负生态危机与自然反扑的后果（至少不需要立即担负）。环境破坏的恶果常常会落到处于弱势地位的国家、地区或群体的头上"。[1]很明显，这一观点与环境风险的全球平等性不相符合。环境损害尽管可能在生态脆弱的局部地区首先显现，也可能首先使处于弱势地位的国家、地区或群体遭受人身或财产损害，但环境损害因环境系统的整体性而具有"飞去来器效应"，最终会回到处于强势地位的国家、地区或群体身上。在环境危机面前，没有人是幸免者。只要看一看地球表面气温的升高给世界各地带来的极端恶劣天气我们就能明白了。

环境具有区域整体性已经是一个不争的客观事实。生存于整体性环境中的人们密切相连，实际上已经形成一种利益共同体——环境共同体。当环境遭受损害时，生存于环境中的任何人基本上都无法独善其身，大家"一损俱损，一荣俱荣"。我们可以想象发生在20世纪50年代的伦敦烟雾事件，等等。当事者，无论你是富人还是穷人，是白人还是黑人，是统治者还是被统治者，都被包裹在雾霾和烟雾中，无一例外。雾霾与烟雾中所有的人都遭受着同样危害，承受着同样的危险。面对这种危害和威胁，处于此种情境中的人们首先想到的应该是如何消除这种威胁，而不是彼此之间对经济利益多寡的争执。正如身处"诺亚方舟"、救生艇中的人们一样，大家想到的是如何维护好大家共同赖以生存的方舟和救生艇以图活命，而不是在方舟和救生艇中你争我夺，或者对维护义务你推我让，否则，结果只能是大家同归于尽。虽然身处环境危机中的人们并不能明显地感受到仿佛身处救生艇那样的急迫威胁，但二者的道理是一

---

[1] 参见王韬洋：《有差异的主体与不一样的环境"想象"——"环境正义"视角中的环境伦理命题分析》，载《哲学研究》2003年第3期。

样的。也许正是因为身处环境危机中的人们不能认识或不愿承认其遭受危害的急迫性和共同性,才导致人们之间"同床异梦",各怀心思,为了一己私利而相互争执,置共同危险于不顾,最终导致环境风险在更大范围内扩张,环境损害在更大范围、更严重程度上爆发。所以,整体性的环境是生存于其中的人们的共同的生命支撑系统和安全保障系统。健康良好的环境使每一个人都受益;反之,使每一个人都遭受损害。趋利避害是生物的本能,人也不例外。身处环境中的人要想避免因环境而遭受的损害,其前提是必须有效保护环境,使其处于健康良好状态。要想受益,必先付出。这种付出是站在共同利益的立场上,直接服务于共同利益,其直接结果就是共同利益得以维护和增长,也是个体出于自愿和责任意识对共同体的一种付出。

德国当代著名社会学家埃利亚斯的研究成果告诉我们,人类的发展历程实际上是一个个体化与整体化同时存在的过程。从原始的氏族、部落到现代的民族国家、洲际联合体等,一方面是人类逐渐走向独立的个体化过程,另一方面也是人类走向更大的整体的过程。在原始社会,人们的生存离不开氏族、部落,因为在当时,"对单个人来说",氏族、部落等"群体"具有某种"完全不可或缺的,并且同时也具有某种完全不可否定的防护功能"。[1]生活在氏族、部落等群体中的人一出生或从其生命的某一时刻起,便终生归属一定的群体,其结果是他们没有个人的"自我-认同",他们的"自我-认同"与"我们-认同"拴在一起并被"我们-认同"所掩盖和代替,但是,从文艺复兴开始,人的"我们-认同"不断被弱化,以至于"人之于

---

[1] [德]诺贝特·埃利亚斯:《个体的社会》,翟三江、陆兴华译,译林出版社2003年版,第196页。

自身越来越表现为一个个无我们的我"。[1]笛卡尔在写下他的著名命题"我思，故我在"时，就成为人关于自身图像的重心偏移的先驱，这是"从我们-认同高于自我-认同到自我-认同高于我们-认同的偏转"。[2]所以，从氏族、部落等群体走向民族国家的过程中，个人逐渐摆脱了对群体的人身依赖而走向独立，进而实现了个体化。但是，这个个体化的过程实际上也是人类走向更大的整体的过程。

人类的"一体化"进程除了"从部落到国家，从民族国家到洲际联合体"外，还有"第三个层级"，即"全体人类才是今天具有最终决定性的生存单位"。[3]只不过人类的这种全球一体化过程还处于初级阶段。人们尽管有时会对"某种涵盖面更广大的精神"加以高扬，但人们"首先是通过把这种精神作为武器运用于利益群体间的斗争来获得动力的"，而不是出于对人类的责任感；[4]并且，现实中人们的"良知教育，尤其是世界各地的位居要职的政治家、军事将领和企业家的良知构成，几乎都无一例外地遵循单个国家，遵循自身民族国家的利益"，那种"防止所有人类遭受灾难的责任感却微乎其微"。[5]其实，人们的这种良知和情感只是一种主观认识，并不能否定人类一体化的趋势和现实。从这一点来看，人们的良知和情感已经远

---

[1] [德]诺贝特·埃利亚斯：《个体的社会》，翟三江、陆兴华译，译林出版社2003年版，第227页。

[2] [德]诺贝特·埃利亚斯：《个体的社会》，翟三江、陆兴华译，译林出版社2003年版，第228页。

[3] [德]诺贝特·埃利亚斯：《个体的社会》，翟三江、陆兴华译，译林出版社2003年版，第264页。

[4] [德]诺贝特·埃利亚斯：《个体的社会》，翟三江、陆兴华译，译林出版社2003年版，第193页。

[5] [德]诺贝特·埃利亚斯：《个体的社会》，翟三江、陆兴华译，译林出版社2003年版，第266页。

远落后于现实了。之所以会出现这种认识落后的状况,埃利亚斯认为其主要原因之一就是人类整体自身的独特固有特性。埃利亚斯指出:"在社会整合的所有不同阶段上,我们-情感的发展是与自身群体受到别的群体的威胁这种经验息息相关的。相反,整体人类受到的威胁,却不是来自别的,不是来自人类以外的群体,反倒是来自属于整体人类本身的人类下属群体。"[1]也就是说,如果人类遭受的威胁只是来自人类以外的某种东西进而使人类面临被毁灭的危险的话,人们的人类整体情感和意识会很容易形成。但是,现实的情况偏偏是人类面临的是来自其自身局部群体给它造成的毁灭,这在一定程度上阻碍了人类整体意义上"我们-情感"的形成。

事实上,无论整体人类的威胁来自何处,是来自其内部,即其自身的局部,还是来自外部,如来自其他星系的居住者,它对人类产生的实际效果是一样的,即整体人类可能遭受毁灭。如果人们把视线聚焦在危害的后果而不是危害的来源,则人类整体意义上的"我们-情感"更容易形成。当今的现实是,"人类整体已成为跨地域的生存单位",而"人类个体的习性,他们那种只针对整体人类下的地域性局部群体的——特别是只针对单个国家的——认同取向",却落后于这个现实。[2]所以,埃利亚斯最后总结道:"从氏族和部落到作为最重要的维持生存单位的国家这一发展过程,最终导致单个个人脱离了原本终身相守的前国家形态的集体组织。个人忠诚于氏族和部落的关系向个人忠诚于国家最高权力的关系的转变,意味着个体化的推进。"

---

[1] [德]诺贝特·埃利亚斯:《个体的社会》,翟三江、陆兴华译,译林出版社 2003 年版,第 268 页。

[2] [德]诺贝特·埃利亚斯:《个体的社会》,翟三江、陆兴华译,译林出版社 2003 年版,第 271 页。

与此同时,"整体人类现在上升为一种主导性的生存单位",这实际上就是"个体化的一次进步"。[1]

埃利亚斯所言的整体人类对环境危机中的人类是适用的,或者说,处于环境危机中的人类就是埃利亚斯所言的整体人类的一个具体体现。环境的区域整体性具有不同的范围和层次,小到一个湖泊、一个城市,大到一个流域、一个海域、一个生物圈等,都把生存于其中的人们连成大大小小的环境共同体,其中小共同体的成员同时也是较大共同体的成员。若仅从环境的层面考虑,每一个人都应当从整体的立场出发,用整体的视角对待环境问题,超越个人经济利益的得失、差异与争论,共同应对环境危机,有效保护环境。绝不能因为个人私利的计较与争执阻碍了环境共同体成员的环境保护共同行动,否则只能使环境继续恶化,环境共同体连同其成员一起走向灭亡。所以,旨在保护环境的环境正义必须摆脱现有环境正义所强调和鼓励那种个体之间针对与环境有关的利益进行无休止的争夺,走向旨在促进和维护整体利益的整体主义正义。

二、环境正义与社会正义的关系

环境正义虽然趋向整体主义正义,但并不是所有的整体主义正义理论都适合环境正义。作为整体主义正义的环境正义在一定程度上还必须受到社会正义的制约。

首先,环境正义并不意味着为了实现环境保护目的可以不择手段,尤其是采取极权主义的政治制度。在前文的论述中,笔者一直主张环境正义属于整体主义正义,环境保护是一种整体的目标和利益,其应当优先于个体的目标和利益,个体应当

---

[1] [德] 诺贝特·埃利亚斯:《个体的社会》,翟三江、陆兴华译,译林出版社 2003 年版,第 272 页。

为整体目标和利益的实现而努力付出。这种看法也许可以被读者做一种极端性的理解，认为可以为了实现环境保护目标而不择手段，无视基本人权的保护。尤其是在政府负有主要的环保责任的理论支持下，政府似乎可以为了实现环境目标而采取极权主义统治。但这只是一种误解，事实并非如此。笔者所强调的环境正义是在承认和保护基本人权基础上的一种整体主义正义。

尽管环境保护的直接目的是保护环境，使地球的生态环境处于健康良好的状态，使环境品质不至于因人为因素而导致严重恶化，但这种直接目的背后存在着人的利益的支持。环境保护的最终目的是使人能够持续在地球上生存和繁衍下去，是提高人的福祉，保护人的基本人身和财产利益不至于遭受恶化环境品质的侵害。如果地球上没有了人类，那么，地球环境也就无所谓好与坏，就像火星、土星等无人星球那样。所以，地球环境的好坏是人做出来的评价，是根据人的需要而定的。工业革命以来的环境危机已经威胁到人类的生存和发展，进而使人类认识到保护环境的必要性。正如《人类环境宣言》的所明确指出的那样："现在已达到历史上这样一个时刻：我们在决定在世界各地的行动时，必须更加审慎地考虑它们对环境产生的后果。"如果按照现代人权观念来看环境保护，则环境保护的最终目的毫无疑问也是保护人的基本权利。因此，部分学者才认为环保问题实乃人权问题，指出"在人权和环保这两项事业之间确实存在明确的现实关联"：一方面，"环境损害与人权滥用往往相互伴随"，如"对自然环境的严重破坏经常伴随着对环境活动家的压制和对知情权的否定"，从而使环境活动家本身成为人权侵犯的受害者；另一方面，环境损害直接侵害基本人权，"对环境的威胁本身也直接构成对生命、生活、健康以及福祉的威胁"。[1]所以,环境保护与人权保护在某种意义上互为手段。从公民的参与权、知情权等政治权利同时也是程序性权利而言,该类人权是进行环境保护的一种手段;从公民的人身权、财产权的实体性权利而言,环境保护毫无疑问是实现人权的一种必要手段和前提条件。从环境保护与人权的这种关系来看,如果不承认公民的基本政治权利,则不利于环境保护目标的实现,进而与环境正义的环境保护目的不一致;如果不承认公民的基本民事权利,则环境保护目标就失去了根基,从而与环境正义的目的相违背。所以,整体主义环境正义以承认和保护基本人权为前提,也即环境正义的实现不能够侵害基本人权。

至于为什么要保护基本人权这一更深层次的问题,则是一个复杂的哲学问题,笔者在此无法加以详细论述。在有关人权的研究文献中,不同的学者从不同的角度出发,把人权建立在不同的基础之上,如"人的行为能力(agency)""人的自主性(autonomy)""人的能力(capabilities)""人的需要(need)"等,学界至今尚没有形成共识。[2]对哪些权利应当属于基本人权,从世界范围来看,也存在一定的争议。尽管《世界人权宣言》以及其他与人权相关的国际条约对人权的目录作了比较明确的规定,但是,毫无疑问,这些人权都是在自由主义文化的基础上产生的,非自由主义文化的国家对此并非完全认同。鉴于此,英国当代著名哲学家米勒先生指出,考虑到世界各地区文化的差异性和多样性,人权应当建立在重叠共识的基础上,"最好是通过诉诸所有人都共有的基本需要来加以理解和辩护",但

---

[1] [英]蒂姆·海沃德:《宪法环境权》,周尚君、杨天江译,法律出版社2014年版,第7~8页。

[2] 参见[英]戴维·米勒:《民族责任与全球正义》,杨通进、李广博译,重庆出版社2014年版,第174页。

"并不是所有的需要都能够直接为人权提供基础",还有"可实践性"的限制,也即"人权所代表的不仅必须是人类生活中具有道德紧迫性的方面,而且,它的存在还要满足某些可行性的条件"。[1]通过这种方法,可以使人权成为全人类共同遵守的道德标准。对人权的尊重与保护应当成为人类行动不可逾越的底线。在当今世界,笔者有理由相信,人类在经历了犹太人大屠杀、卢旺达种族灭绝等历史悲剧后,绝大多数人都不会赞同这种悲剧从而竭力阻止这种悲剧在人间重演。甚至有学者明确指出,人类正是为了避免其所经历的历史暴行的重现,才创立了权利体系,权利直接源于人类的"经验和历史",更确切地说是"恶行史"。[2]所以,如果为了保护环境而无视基本人权的保护乃至侵害基本人权,则是一种得不偿失的行为,造成对人类道德底线的践踏,进而可能将人类带入另一种灾难境地。

如果仅仅为了保护环境而不考虑人类生存的综合状况,极权主义政治也许可以很出色地完成环境保护任务,但它违背了基本的人权要求,可能使人的生存状况更差,与环境保护的终极目的不符。至于何谓极权主义以及极权主义的本质,学界并没有形成共识。波普尔认为极权主义思想可以追溯到柏拉图和黑格尔,认为柏拉图的正义理论是"极权主义的正义",服务于"极权主义阶级统治的需要",因为"(柏拉图的)正义对于国家的力量、健康和稳定大有助益;这个论点与近现代极权主义的界定再相像不过了:一切对我的国家,或我的,或者我的政

---

[1] [英]戴维·米勒:《民族责任与全球正义》,杨通进、李广博译,重庆出版社2014年版,第187页。
[2] 参见[美]艾伦·德肖维茨:《你的权利从哪里来?》,黄煜文译,北京大学出版社2014年版,第69~83页。

党的力量有用的就是正确的"。[1]但波普尔本人并没有明确界定极权主义及其本质。而美国当代著名的政治哲学家阿伦特在其《极权主义的起源》一书中，认为极权主义不同于传统的暴政或专制，其源于"反犹主义和帝国主义"，本质表现为"反文明""反制度""反责任"等方面。[2]尽管如此，人们还是可以形成对极权主义的部分共识。例如，西方学者一般将德国的纳粹主义、意大利法西斯主义视为极权主义的典型代表。而这些典型代表留给人们的第一印象就是屠杀、恐怖统治等无视和践踏人权的种种恶行。其次，无法让人忽视的是这些极权主义典型代表能够集中全国的力量实现其想要达到的目标，能够使个人服从和服务于集体的目标，只不过个人的服从主要是迫于政治的高压和恐怖的统治，而不是出自人们的心甘情愿。假如我们把这种极权主义挪用到环境保护领域，使之为环境保护目标服务，那么，我们似乎也可以有理由相信，这种环保极权主义在短期内也许是有效的，可以实现环境保护的目标。但是，这种环保极权主义获得的环保成功侵犯了人的基本人权，是以牺牲和破坏人们和平安宁的社会生活秩序为代价的，难以长久维持。

所以，整体主义环境正义并不是极权主义在环保领域的复活和再现，而是以尊重和保护基本人权为前提条件的。整体主义环境正义不是柏拉图、亚里士多德等无视基本人权的整体主义正义理论在环境保护中的应用。

其次，环境正义是社会正义的基础和前提。学者一般认为社会正义等同于分配正义，社会正义是分配正义的另一种称

---

[1] 参见[英]卡尔·波普尔：《开放社会及其敌人》（第1卷），陆衡等译，中国社会科学出版社1999年版，第177~235页。

[2] 参见陈伟：《阿伦特的极权主义研究》，载《学海》2004年第2期。

呼。[1]或者更确切地说，社会正义就是自由主义分配正义，因为社会正义这一理想是在"19世纪晚期和20世纪早期的经济发达的自由社会"这种特定的"社会和政治背景"下出现的，[2]其含义就是"生活中好的东西和坏的东西应当如何在人类社会的成员之间进行分配"[3]。笔者在前文的论述中已经指出，自由主义分配正义在一定程度上是现代环境危机的根源之一，而环境正义应该是解决和应对现代环境危机的一种正义，它不是环境利益的分配正义，而是实现环境利益保护的正义。从这种意义上我们可以说，社会正义是环境正义产生的原因之一。但是，从另一个角度来看，环境正义只是社会正义的基础和前提，因为社会正义是"分配蛋糕"的正义，而环境正义则是"制造蛋糕"的正义。

大自然的慷慨供给是人类所享有的各种利益的最终来源。人的各种需要的满足，从最基本的衣食住行等生理需要，到更高层次的爱的需要以及自我实现的需要，等等，无一不是建立在健康良好的自然环境的基础上的。如果没有良好的自然环境与健康的地球生态系统，人类的生存都将受到威胁，更谈不上享受各种利益和好处了。从这个角度来看，地球的生态系统是人类赖以生存的基础和摇篮，是产生人类各种利益的"本底"。[4]地球的生态系统只有在健康良好的前提条件下才能够源源不断

---

[1] "分配正义"又称"社会正义"或"经济正义"，是当今许多人的说法。参见［美］塞缪尔·弗莱施哈克尔：《分配正义简史》，吴万伟译，译林出版社2010年版，第1页。

[2] ［英］戴维·米勒：《社会正义原则》，应奇译，江苏人民出版社2008年版，第2页。

[3] ［英］戴维·米勒：《社会正义原则》，应奇译，江苏人民出版社2008年版，第1页。

[4] 参见刘卫先：《论可持续发展视野下自然资源的非财产性》，载《中国人口·资源与环境》2013年第2期。

地为人类提供各种利益和财富,从而产生更多的供人类社会成员可分配的利益,进而才能有社会正义可言。如果地球的生态系统已经严重恶化甚至无法适合人类的生存了,则其能够为人类提供的财富和利益会严重短缺和匮乏,从而至少使作为社会正义的必要前提条件之一的"适度匮乏"条件丧失,人类社会可能会陷入暴力和恐怖之中,社会正义无从谈起,更无法实现。而环境正义正是为了保护地球的生态环境处于良好的状态,使其能够适合人类的生存并源源不断地为人类提供各种利益与财富,从而使社会正义的实现成为可能。所以,在这种意义上,环境正义实际上是一种制造财富的正义,而社会正义乃是一种分配财富的正义。环境正义乃是社会正义的基础和前提。

既然地球的生态系统和良好的自然环境是人类赖以生存的基础和摇篮,是人类财富的来源和"本底",其本身并不是人类控制和支配的对象,[1]则其根本无法作为人们的支配对象而成为社会正义的分配对象。有学者尽管深知这一事实,但还是力图把环境纳入社会正义的范畴体系。其中最为典型的代表人物就是英国当代哲学家戴维·米勒先生。米勒先生在其《社会正义与环境善物》[2]一文中详细阐述了其将环境纳入社会正义理

---

[1] 美国著名环境伦理学家罗尔斯顿曾经明确指出:"当我们进一步谈论到物种层面的问题时,所有权的概念就失效了。……我们必须记住:物种是一个动态的自然存在物,一个穿越了空间和时间的进化单元,它的半衰期一般都有一千万年。从这种观点看,一个国家如果认为,它可以'拥有'一个物种,那么,这甚至也是僭妄的。"([美]霍尔姆斯·罗尔斯顿:《环境伦理学——大自然的价值以及人对大自然的义务》,杨通进译,中国社会科学出版社2000年版,第269页。)美国著名生物学家卡逊先生也明确指出"控制自然"这个词只不过是人类"妄自尊大的想象产物"。([美]蕾切尔·卡逊:《寂静的春天》,吕瑞兰、李长生译,吉林人民出版社1997年版,第243页。)

[2] David Miller, "Social Justice and Environmental Goods", in Andrew Dobson, ed., *Fairness and Futurity: Essays on Environmental Sustainability and Social Justice*, Oxford University Press, 1999, pp. 151~172.

论的观点。在米勒看来，环境善物是指"被赋予积极价值的环境的一切方面"，可以是"一种自然特性""一种动物""一个栖息地""一个生态系统"等，所以，"无论是臭氧层的保护、河流免受污染、西伯利亚虎的继续存在，还是可为登山者利用的开阔山地，以及古代纪念碑的保护"都可以视为环境善物。[1]而现实中绝大多数人都认为，无论是臭氧层、河流、西伯利亚虎，还是古代纪念碑以及生态原貌等，都没有人可以分得特定的份额，也就是说，环境善物不可以被分配，它根本不能够被纳入社会正义理论加以考察。但米勒对此持有不同观点。他认为，从实践的角度看，政府实施每一项环境政策或者环保措施都会给不同的人群带来不同的影响，有些人因此而享受更多的好处，而另一些人可能为此付出更多，这就使得环境保护措施必然会涉及分配正义问题。[2]这也是米勒把环境善物纳入社会正义理论所要解决的问题，也即因环境保护措施而给人们造成的利益得失影响。米勒在其整篇论述中都是围绕这个问题进行的。其实，该问题并不是人们之间针对环境善物的分配正义，而是与环境善物有关的利益分配正义，是由环境善物所引起的社会正义问题。米勒在其论述中根据人们对环境善物能否达成共识以及达成共识的程度将环境善物分为三类，即基本能够达成社会共识的环境善物、通过协商能够达成共识的环境善物和基本无法达成社会共识而属于个人偏好的环境善物。这三种不同的环境善物进入社会正义理论的方式是不一样的。也就是说，人们对环境善物达成共识的难易程度直接决定着其进入社会正义理

---

〔1〕 参见王韬洋：《戴维·米勒论环境善物》，载《哲学动态》2012年第10期。

〔2〕 David Miller, "Social Justice and Environmental Goods", in Andrew Dobson, ed., *Fairness and Futurity: Essays on Environmental Sustainability and Social Justice*, Oxford University Press, 1999, p.154.

论的方式。但是，这种所谓的共识实际上是人们对环境善物给人们产生的利益影响所达成的共识，而不是对环境善物本身达成的共识。例如，对于野生西伯利亚虎是否具有重要意义以及是否需要保护的问题，也许绝大多数人都会觉得它濒临灭绝而应当加以保护，进而比较容易达成共识。但是，如果要求人们出钱对野生西伯利亚虎采取具体保护措施时，则并不是所有人都愿意做的，难以达成共识。而米勒先生所言的共识实际上就是后一种共识，即针对与环境善物有关的利益达成的共识。正因为如此，米勒先生才认为，如果人们对某一环境善物无法达成共识而政府强行作出了保护措施，则政府的行为是不公平的，违反了社会正义要求。也就是说，在这种情况下，政府不能作出保护该种环境善物的决定，正如政府决定是否用公共资金修建游泳池一样。[1]在此，我们能够明显看出，米勒先生是在用与环境有关的社会正义标准来衡量某一环境保护措施，其考虑的是与环境有关的利益而不是环境本身。实际上，米勒先生已经把环境正义与社会正义混同起来了，其论述的实质是社会正义问题，而不是环境正义。如果按照米勒先生的观点，当人们无法对某一环境善物的保护措施达成共识时，根据社会正义的标准，则政府就不应该，也不能够采取保护措施。这种观点很显然不利于对环境的有效保护，与现代环境保护理念相违背。

所以，环境保护可能引发社会正义问题，但并不能因此而阻碍对环境的有效保护。取消或拖延某种环境保护措施的实施就可能失去环境保护的最佳时机，从而可能造成某种濒危物种的灭绝等无法挽回的更大范围的损失。环境保护与社会正义相

---

[1] David Miller, "Social Justice and Environmental Goods", in Andrew Dobson, ed., *Fairness and Futurity: Essays on Environmental Sustainability and Social Justice*, Oxford University Press, 1999, pp. 169~170.

比,应当具有一定程度上的优先性。

最后,"共同但有区别"的责任并不是环境正义的表达。"共同但有区别"的责任在国际环境法领域的发展,从最初在《人类环境宣言》中的萌芽[1]到《里约宣言》中的明确规定[2],再到联合国《气候变化框架公约》及其《京都议定书》对其的确认和实施,[3]已将近半个世纪。部分学者认为共同但有区别的责任已经成为国际环境法的一项基本原则,[4]但也有学者对此提出了不同看法[5]。在总结这些争论的基础上,越来

---

[1] 学者认为,《人类环境宣言》中已经对"共同责任"和"区别责任"做出了相应的规定,这就是共同但有区别的责任在国际环境法中的萌芽。如该《宣言》原则11和原则23是对区别责任的规定,而共同信念2和原则18责任是对共同责任的规定。参见寇丽:《共同但有区别责任原则:演进、属性与功能》,载《法律科学(西北政法大学学报)》2013年第4期。

[2] 《里约宣言》原则7明确规定:"各国应本着全球伙伴关系的精神进行合作,以维持、保护和恢复地球生态系统的健康和完整。鉴于造成全球环境退化的原因不同,各国负有程度不同的共同责任。发达国家承认,鉴于其社会对全球环境造成的压力和它们掌握的技术和资金,它们在国际寻求持续发展的进程中承担着责任。"

[3] 联合国《气候变化框架公约》第3条第1款规定:"各缔约方应当在公平的基础上,并根据他们共同但有区别的责任和各自的能力,为人类当代和后代的利益保护气候系统。因此,发达国家缔约方应当率先应对气候变化及其不利影响。"并且,《气候变化框架公约》第4条还将发达国家和发展中国家予以明确区分,为共同但有区别责任的实施奠定了基础。基于此,《京都议定书》明确规定了发达国家从2008年到2012年的具体减排义务与减排目标,而对发展中国家没有作出强制性的减排要求。

[4] 参见蔡守秋主编:《环境资源法教程》(第3版),高等教育出版社2004年版,第442~443页;王曦:《国际环境法》,法律出版社1998年版,第112页;等等。

[5] 如法国著名国际环境法学者亚历山大·基斯在其所著的《国际环境法》中,并没有将共同但有区别的责任列为国际环境法的基本原则,而是将其作为国际环境法的一个基本概念。(参见[法]亚历山大·基斯:《国际环境法》,张若思编译,法律出版社2000年版,第83~116页。)此外,也有其他国外学者和我国部分学者否认共同但有区别的责任是国际环境法的一项基本原则。(参见边永民:《论共同但有区别的责任原则在国际环境法中的地位》,载《暨南学报(哲学社会科学版)》2007年第4期。)

越多的学者认为共同但有区别的责任原则除了具有法律属性、政治属性之外，还具有"伦理属性"，是一种"伦理准则"。[1]作为伦理准则的共同但有区别的责任原则实际上强调的是环境资源利益在不同国家之间的分配正义，也就是学者所言的"国际环境正义"。并且，我们也曾经指出，共同但有区别的责任不仅仅是国家之间分配权益的正义原则，而是处理所有"不同主体之间关系的基本原则"。[2]但是，笔者对该观点存在新的认识。"共同但有区别"的责任原则并不是环境正义的正确表达。

"共同但有区别"的责任从字面上我们就很容易发现其主要包括两个方面的内容，即共同的责任和有区别的责任，这也是学者们的普遍认识。但是，当这两个内容的责任放在一起时，含义并没有字面上所显示的那么清楚。在国际气候变化应对领域，共同的责任毫无疑问是要求所有的国家和地区，无论大小、贫富，都应当承担责任。因为全球气候变化是全人类共同面临并且需要全人类共同应对和解决的问题。正如《里约宣言》和《气候变化框架公约》开篇所指出的那样，人们已经认识到"大自然的完整性和相互依存性"，"地球气候的变化及其不利影响是人类共同关心的问题"。为了有效保护地球环境，所有国家都应当切实承担起保护责任。所以，共同责任在共同但有区别责任中具有基础性和优先性。区别责任应当是在具体情况下的一种选择。正如国外有学者所指出的那样，"区别责任"的实施必须满足两个方面的要求和条件，即"一是区别责任不能背离使

---

[1] 参见李艳芳、曹炜：《打破僵局：对"共同但有区别的责任原则"的重释》，载《中国人民大学学报》2013年第2期；寇丽：《共同但有区别责任原则：演进、属性与功能》，载《法律科学（西北政法大学学报）》2013年第4期；等等。

[2] 参见徐祥民、刘卫先：《环境损害：环境法学的逻辑起点》，载《现代法学》2010年第4期。

全球气候变暖控制在2摄氏度以内的条约目的,二是当区别责任所针对的情况消失时应当停止适用区别责任"。[1]但是,共同责任的内容是什么,如何在各个国家具体落实,则是一个难以操作的问题。在国际应对气候变化谈判的实践中,各国基本上都是在满足共同参与之后,把重心集中在对区别责任的探讨和争论上。尽管如此,各国对各自基于何种因素而承担有区别的责任方面仍然难以达成共识。《气候变化框架公约》声称人类已经"注意到历史上和目前全球温室气体排放的最大部分源自发达国家;发展中国家的人均排放仍相对较低;发展中国家在全球排放中所占的份额将会增加,以满足其社会和发展需要",并且,考虑到发达国家拥有较为先进的减排技术和较为雄厚的经济实力,而发展中国家的贫穷本身也是现代环境问题的根源之一,所以,历史排放量、当前排放量、人均排放量、国家能力的强弱、改善经济社会状况的需要等都可能成为区别责任的基础和依据,而这些基础和依据之间并非一致,存在相互冲突和矛盾。如果按照历史排放量、国家能力的强弱、人均排放量、改善经济社会状况等因素承担区别责任,则发达国家应当承担主要的或者较多的减排责任;如果按照当前总排放量的标准,则至少要求印度、中国等新兴经济体国家承担与发达国家一样的甚至更多的减排责任。

所以,正是因为共同但有区别的责任在现实中存在较多的不确定性,导致发达国家和发展中国家之间围绕减排义务的分配相互争执不下。在《京都议定书》中,发达国家承担了强制性的减排义务,而广大的发展中国家并不需要承担减排义务,从而让发达国家觉得自己与发展中国家,尤其是与作为新兴经

---

[1] 参见李艳芳、曹炜:《打破僵局:对"共同但有区别的责任原则"的重释》,载《中国人民大学学报》2013年第2期。

济体的中国、印度这样的碳排放大国相比,处于经济上的不利地位,于是美国、加拿大相继宣布退出《京都议定书》。所以,《京都议定书》的减排义务规定主要体现的是发达国家与发展中国家之间的区别责任。但是,这种区别责任伴随着《京都议定书》的到期而难以在当前被发达国家所接受。在国际应对气候变化大会上,发达国家、发展中国家以及地理位置不利国家等都从各自的利益出发,对减排责任的分担进行激烈地讨价还价,难以达成具有实质约束性的协议。这一点可以从哥本哈根会议、德班会议、多哈会议等国际气候变化应对大会无法达成实质性的减排协议即可看出。所以,有学者指出,在后京都时代,共同责任在强化,区别责任在弱化,共同但有区别的责任原则"从异质责任原则到同质责任原则、从静态的主管身份原则到动态的客观要件原则、从'能力+影响'决定的二元归责原则到'影响'决定的一元归责原则"转变,其实质就是要求所有国家根据"一致性的客观标准承担同质性的共同责任"。[1]

实际上,发达国家与发展中国家之间就碳减排责任分配的讨价还价,究其原因在于碳减排直接影响和阻碍本国经济的发展,尽管它有利于阻止地球表面气温的升高而改善地球的生态环境。地球气温的升高所带来的风险由全人类共同承担,而碳减排所致的经济损失却由减排国家自己承担。所以,在当今世界被各民族国家分割治理而互不干涉主权,并且各国之间的矛盾与经济实力竞争还相当激烈的情况下,任何国家在碳减排行动中都不希望自己付出而让别国受益,而是希望"搭乘"别国减排的"便车"而受益。在这种情况下,各国之间自然会根据分配正义进行讨价还价,进而为本国争得更多的减排空间和更

---

[1] 参见陈贻健:《共同但有区别责任原则的演变及我国的应对——以后京都进程为视角》,载《法商研究》2013年第4期。

大的经济利益。这就是共同但有区别责任原则在实践中所体现出来的正义思想。这种正义思想毫无疑问不利于控制温室气体的排放，不利于阻止地球表面气温的升高，不利于保护地球的生态环境，从而与旨在保护地球环境的环境正义相去甚远。共同但有区别的责任原则不是环境正义的原则，而是社会正义原则在环境保护领域中的具体体现。

三、环境正义的本质及其展开

通过前文的论述，笔者已经指出在环境危机背景下，环境正义不应当是社会正义（分配正义）在环境领域中的应用，而应是旨在保护地球环境这种人类整体利益的一种整体主义正义，但它以承认和尊重人的基本权利为前提。地球生态系统的整体性与相互依存性已经把生存于其中的人连接成环境共同体，这是一种客观事实。环境共同体成员对其赖以生存的环境的保护实际上就是对共同体利益的保护。如果从作为共同体精神本质的"义务"与"责任"来看，环境正义的本质可以概括为普遍的环境义务。

环境义务不仅来源于环境共同体成员对共同体主动承担的责任，而且还来源于环境资源的有限性对人类行为的约束和限制。尽管人们的各种财富都得益于大自然的慷慨供给，但是大自然能够为人类提供的财富毕竟是有限的，现代科学研究的结果已经向人类揭示，不仅地球上的煤炭、石油、天然气以及各种金属矿产资源等不可再生的自然资源的储量是有限的，不可能无止境地满足人类的需求，而且作为地球生态系统组成部分的水、土地、森林、草原、生物等可再生资源也是有限的，其再生能力一旦遭到破坏就会导致该种自然资源的枯竭。并且，自然环境能够容纳人类排放的污染物质的最大数量也存在最高阈值即环境容量的限制，如果人类活动超出环境容量，则会导致环境品质恶化，难以继续满足人类的利用需求。如果人类曾经认为地球是一个取之不尽用之不竭的资源宝库，则该种认识毫无疑问是一个美好的梦想和错误认识，现代环境危机的集中爆发已经把人类从梦想扯回到现实中，正视环境资源的有限性。这种有限性约束和限制人类的行为，使人类在自然环境面前不能再为所欲为，而是收敛和控制自己的行为，它不是对人的权利的继续张扬进而为人类的开发利用行为保驾护航，而是使人类在从事开发利用活动时承担相应的义务和责任。并且，环境利益的整体性要求环境义务的承担具有普遍性，而不是一部分人承担环境义务而另一部分人坐享其成。

所以，一方面，环境共同体的每个成员都应当从我做起，切实承担起保护和改善环境的义务；另一方面，整体性的环境利益也要求分享该利益的所有社会主体都应当承担起维护环境的义务和责任。普遍的环境义务既包括义务主体的普遍性，即环境共同体的所有成员，包括自然人、企事业单位、政府部门乃至国家等，也包括义务主体所采取的环境保护措施具有广泛性，即只要有利于环境保护且不违反法律规定的措施，都可以加以使用。从这个意义上我们可以说，普遍的环境义务实际上就是"共同但有区别"责任原则中共同责任。

作为环境正义本质的环境义务除了具有普遍性之外，还具有如下几个方面的特征：[1]

第一，绝对性。环境义务的绝对性主要体现在两个方面：一是义务人承担环境义务不附带任何免除条件；二是环境义务的承担不以权利人提出的履行要求为前提。环境义务体现了环

---

〔1〕 参见刘卫先：《环境义务初探》，载《兰州学刊》2009年第2期。

境保护的当为性、应当性,而这种应当性源于这样一个基本的逻辑:即生存的需求是人最基本的需求,每一个人都本能地为了首先满足生存欲求而从事一定的活动,而良好的自然环境又是每一个人赖以生存的必要的决定性的基础条件,所以每一个人都应该保护环境,至少每一个有理智的人都应当负担起环境义务。这也是为了保证人类种群延续而每一个人都必须负担的义务。马克思主义经典理论告诉我们,社会性是人的本质特性,离开社会,离开人类的群体,每一个人都无法生存下去。这也说明每一个人的生存都以人类群体的存在为前提,保证人类种群的延续与存在是每一个人生存的基础,也是每一个人义不容辞的责任。而人类种群的延续有赖于地球环境良好状态的保持。所以,环境义务是每一个人都不可免除的义务。并且,这种为了种群延续而承担的环境义务不仅是个体对群体的义务,而且也是每一个个体对自己的义务,为了人类的延续,也为了个体自己的生存,每个人都应当切实承担起环境义务。环境义务的存在没有特定权利的存在与之对应,如果非要找一个权利作为环境义务的前提,那也只能是人类自己的生存权,是每一个人自己的生存权。环境义务是自己对自己的义务,这种义务的履行没有与之对应的权利人的履行要求。

第二,对物性。环境义务直接指向自然环境,是对自然环境的保护。但这并不意味着自然环境就成为环境法律关系的主体。自然环境体现的是人类整体的利益,作为人类成员的每一个人都与此种利益密不可分,人们表面上直接保护的是各自然环境要素及其整体状态,实则保护的是与每一个人都密不可分的人类整体利益——环境利益。

第三,优先性。在人类的众多权利义务中,环境义务应当优先得以实现,这是由环境利益在人类利益关系中的基础性地位决定的。环境利益是人类一切利益存在的基础和源泉。如果失去了环境利益,人类也就失去了立命之本,更不用提发展与文明了,其他所有的利益对人类也将失去意义,人类也会处在崩溃与灭亡的边缘。正如美国著名生态学家康芒纳所言:"如果我们毁灭了它(环境),我们的最先进的技术就会变得无用,任何依赖于它的经济和政治体系也将崩溃。"[1]而环境利益的保护依赖于人们对环境义务的履行,人与人之间的其他权利义务关系都应建立在信守环境义务的基础之上。

第四,同时具有自益性和共益性。从经济学的意义上讲,环境属于典型的公共物品,不具有消费与使用上的专有性和排他性。人们不可能把环境人为地分割成你(们)的、我(们)的、他(们)的,环境向所有的人敞开,给予每一个人的机会都是平等的,为人们共同享用。保护环境就是保护人们的共同利益,而这种共同利益又是每一个人的生存利益等个人利益的基础,针对环境的共同利益与个人利益是不可分割的,环境义务的履行使这两种利益同时得到保护,体现了环境义务的共益性和自益性。

第五,有最低限度要求,但无最高程度限制。人类依靠自然环境而生存,满足人的生存是人类对自然环境的最低要求,这就需要自然环境最低应当符合人的生存标准,为了达到这一最低标准,人们就应该负有与这一要求相适应的最低限度的环境义务。各国环境法所规定的各种类型的环境标准,如污染物排放标准、环境质量标准,其中有很多就是这种最低限度环境义务的体现,如果低于这种标准,就会给人的生命健康造成威胁和损害。但人们对环境需求并不仅仅停留在生存标准的层次,

---

[1] [美]巴里·康芒纳:《封闭的循环——自然、人和技术》,侯文蕙译,吉林人民出版社1997年版,第12页。

优美宜人的环境对于每一个人都具有吸引力，每一个人都乐意并希望自己在健康良好的环境中生活，人们对美好环境的需求永远不会有止境。然而，在遍布现代工业的社会中，更加美好的环境需要人们付出更多的保护，承担更高程度的环境义务。但这种更高程度的环境义务在某种程度上具有很大的道德性，它源于人们内心的道德良知、利他性与责任感，如同在危亡之际人们保家卫国的责任感一样。美国著名法学家富勒先生把道德分为"义务的道德"和"愿望的道德"以对应于人类赖以存续的基础和所能达致的最高境界，前者是每一个人都应该遵循的具有约束力的规则，而后者则是人们应努力实现的理想目标。[1]这两种状态在某种意义上也正好道出了环境义务的两种程度：作为生存基础的环境义务和作为理想生活目标的环境义务，前者对每一个人都具有强制性约束力，后者则是每一个人应当努力去实现的。

第六，标准确定上的科技依赖性。环境义务直接指向自然环境，为了保护自然环境的健康良好状态，而最低限度的环境义务旨在使环境状况满足人的生命健康等基本需求。这就不仅要确定维持人的生命健康等基本生存需求需要何种状态的自然环境、现实自然环境的状况以及现实状况与需求之间的差距，更要确定采取何种最佳措施去达到所需求的环境状态，以及使这种状态如何长期保持下去并不断改善。所有这些，哪一项的确定都少不了对现代科学技术手段的运用。并且，科学技术有时还直接决定环境义务的内容与程度。如污染物排放标准，这种直接源于技术标准的法律规范决定着人们在污染物排放方面的义务内容和程度。此外，环境总量控制制度的全部内容及其

---

〔1〕[美] 富勒：《法律的道德性》，郑戈译，商务印书馆 2005 年版，第 5~39 页。

实施过程也都是科技规范的直接体现。这也从某种意义上说明了环境义务就是客观生态规律的主观法律化，履行环境义务就是对客观生态规律的遵守，其标准的确定要依赖于现代科学技术。随着科学技术的不断发展和科学新发现的不断呈现，环境义务的内容也会有所变化。[1]

为了使人们对环境正义的本质有一个更加清晰和全面的认识，我们可以把环境正义与社会正义从不同的角度加以比较，进而对环境正义加以展开。[2]

第一，从存在的客观前提来看，社会正义的产生与存在和自然环境的好坏无关，或者说社会正义可以在环境良好的状态下存在，也可以在环境遭受危机的状态下存在，但自然环境的好坏与否不对社会正义的产生起决定性作用。正因为如此，社会正义本身才不关心自然环境的好坏，而只注重社会成员之间对物质利益以及其他好处的分配是否公平。但环境正义却有不同。环境正义是在现代全球环境危机的背景下产生的，其所肩负的历史使命应该是对人类赖以生存的自然环境的关注与保护，而不是对社会成员之间的与环境有关之利益的分配公平与否进行调节。如果环境正义只是调节社会成员之间与环境有关之利益的分配是否公平，则其所行使的功能只能是社会正义功能的一部分。现代环境危机既是环境正义产生和存在的必要前提，也是环境正义旨在应对和解决的问题，它已经将环境正义从功能上区别于社会正义。

第二，从直接保护与实现的利益来看，社会正义直接保护的是个体的利益与好处，而环境正义直接保护的是人们赖以生

---

〔1〕 如DDT的禁用、氟利昂的禁用等，都是科学新发现在环境义务中的表现。

〔2〕 参见刘卫先：《环境正义新探——以自由主义正义理论的局限性和环境保护为视角》，载《南京大学法律评论》2011年第2期。

存的自然环境，一种整体利益。社会正义是在个体之间进行利益争夺的基础上形成的正义理论，其所保护的是个体的利益及其平衡。在某种程度上也正是由于社会主义理论所鼓励的对自然环境资源的无限争夺和瓜分才导致现代全球性环境危机的爆发。所以，环境正义应克服社会正义所倡导的对环境资源的无限获取，以保护自然环境的良好状态和资源可持续利用为目的。由于地球生态系统的整体性而导致整个地球环境无法分割为个体所有，只能作为整个人类赖以生存的基础而体现为一种人类整体利益。环境正义对地球环境的保护就是对人类整体利益的保护，而不是对某类人或某一局部地区的人的利益的保护。

第三，从直接受益者来看，社会正义的直接受益人是个体，而环境正义的直接受益者为所有的人。社会正义理论鼓励所有个体都去最大限度地争取自己的利益，从而在相互争夺中实现一种利益平衡状态，也即社会正义状态，其直接受益者就是由社会正义所允许并受到社会正义所保护的各个不同的利益主体。由于环境无法被任何个体所控制和支配，个体所做出的环境保护行为具有明显的正外部性，所以，环境正义主张个人对自然环境进行保护的直接后果就是所有生存于环境中的人都受益，其直接受益者是环境共同体的所有成员，当然也包括环境保护行为者本人。

第四，从正义实施者的主观动机来看，追求社会正义的人们是出于纯粹自利的动机，而追求环境正义的人们则是出于非自利的动机。当然，环境正义实施者的这种非自利动机既可能是一种利他主义的动机，也可能是利他与利己的结合。虽然在严格的意义上，我们很难为利他主义做一个精确的界定，正如有学者所指出的那样，"利他主义的最基本定义"是"你牺牲了你自己的适合度，提高了其他非亲属个体的适合度"，而如果

"融合进了情感与动机这两个因素后,事情就可能会变得更加复杂了",[1]例如,有些人对别人的捐赠也许是出于一种自利的动机,但是,我们还是可以区分社会正义实施者与环境正义实施者的不同动机。社会正义保护的是个体利益,追求社会正义的人们都站在利己的立场上,只注重自己私利的获取。而环境正义所保护的自然环境作为一种整体利益只能是由生存其中的所有的人共同享受的利益,对这种共同利益的保护在一般情况下不仅不会直接促进个人的私利,而且还会与个人私利相冲突,因为保护环境公益就意味着保护者要牺牲一部分个人私利。所以,如果个人完全出于自利的动机,则其一般不会做出符合环境正义的保护环境的行为。环境正义实施者也许是出于保护环境共同体利益的动机,也许认为其环境保护行为符合自己的长远利益,而这种长远利益与环境共同体利益是一致的,但绝不是为了眼前短期的一己私利。

第五,从正义的相互性来看,社会正义遵守严格的相互性,环境正义并非如此。研究社会正义的学者一般都认为,社会正义体现的是个体之间所进行的利益等量交换,具有相互性。正如有学者所明确指出的那样,社会"正义以相互性为条件";如果某人给别人某种利益而对方没有进行等量利益的回馈,或者某人遵守了某项规则而与其具有相同地位的别人没有遵守,或者某人进行了某项付出而与其具有相同地位的别人没有进行同样的付出,则该人就会产生一种"义愤"乃至"愤恨"的情感。[2]所以,社会正义体现的是社会正义的实施者与其他相关

---

[1] [美]克里斯托弗·博姆:《道德的起源——美德、利他、羞耻的演化》,贾拥民、傅瑞蓉译,浙江大学出版社2015年版,第63页。
[2] 参见慈继伟:《正义的两面》(修订版),生活·读书·新知三联书店2014年版,第9~16页。

个体之间的一种等量相互性。如果环境保护行为的实施者也严格遵守这种等量相互性,则最可能出现的结果就是谁也不会去保护环境,因为等量相互性要求某人做出某种付出或者遵守某种规范是以其他人也这样做为前提的,这样一来,也就不利于环境的有效保护,也就违反了环境正义的宗旨。因此,环境正义并不具有严格的相互性。如果非要从相互性上去解释环境正义,则其只能体现为环境保护行为者的眼前利益与长远利益之间具有一种非等量的相互性。环境保护行为者只能希望自己当前的环境保护付出由其从良好的环境获取的长远利益来弥补。

第六,从直接调整的社会关系来看,社会正义直接调整的是个体之间的权利义务关系,而环境正义调整的是个体与整体之间的关系。社会正义鼓励对个人利益的获取和保护,并且每个人都可以平等地这样做,以实现不同个体之间的利益平衡,其所调整的是个体之间以利益为核心内容的权利义务关系。环境正义主张个体对体现为整体利益的自然环境进行保护,调整的是个体与整体之间的关系。环境正义实施者的环境保护行为不以其他具有同等地位的社会成员也实施相应的环境保护行为为前提,不与其他人进行对照和攀比,不计较自己是否比其他人付出得更多,而只从个体与其所属环境共同体之间的关系来理解和指导其环境保护行为。

第七,从理论的核心范畴来看,社会正义的核心范畴是权利,而环境正义的核心范畴是义务和责任。调整社会成员个体之间利益分配关系的社会正义强调对个体权利的赋予和保护,只要人人互享权利,自然也就人人互负义务,保护个体利益的目的即可达到。因为,在某种意义上,权利就是受法律保护的利益。如果我们承认社会正义是在"经济发达的自由社会"背景下产生的一种社会理想，[1]则其毫无疑问是在自由主义思想的指导下形成的，是自由主义思想的一种体现，其核心就是权利，因为"自由主义"本身就是一种"权利理论"[2]。环境正义强调从个体出发对环境共同体的利益进行保护，这对个体而言即意味着义务和责任的承担，而非权利的享有。这种义务和责任是个体对共同体所负的义务和责任。即使某一社会成员在表面上是通过行使权利的方式去保护环境的，则该种权利的行使本身对环境共同体而言也是个体履行其对共同体的一种义务。因为，某一行为，如果以权利主体所在的共同体为最终目的，即使从表面上看是个体行使权利的行为，但其在本质上已经不再是权利行为了，而是对共同体的责任和义务履行行为。正如耶林所指出的那样，若以维护社会秩序为目的，个人"主张权利"就是权利人"对社会所负的义务"[3]。同一个主张权利的行为，对个体而言即是权利，而对共同体来说，就是义务和责任行为，这种义务和责任是由作为共同体的一员这一客观事实所决定的。这种义务和责任也是个体为了得到"成为共同体中的一员"的好处而必须付出的"代价"。[4]也正因为如此，有学者把"责任"理解为共同体的"精神组织"。[5]

第八，从性质来看，社会正义是索取性的，而环境正义则

---

[1] 参见［英］戴维·米勒：《社会正义原则》，应奇译，江苏人民出版社2008年版，第2页。

[2] 姚大志：《何谓正义：当代西方政治哲学研究》，人民出版社2007年版，第445页。

[3] ［德］鲁道夫·冯·耶林：《为权利而斗争》，胡宝海译，中国法制出版社2004年版，第55页。

[4] ［英］齐格蒙特·鲍曼：《共同体》，欧阳景根译，江苏人民出版社2007年版，第2~6页。

[5] ［美］菲利普·塞尔兹尼克：《社群主义的说服力》，马洪、李清伟译，上海人民出版社2009年版，第30页。

是付出性的。社会正义支持和鼓励个体对自己利益的争取与获得,是一种索取性正义。社会正义的主张者具有目的内向性与自我指向性。环境正义主张个体对体现为整体利益的自然环境进行保护,这种保护行为对做出此种行为的个体而言只能是一种付出,而不是索取。所以,环境正义的主张者具有目的外向性与向他性。

第九,从实现途径来看,社会正义主要是自发实现的,而环境正义则主要依靠强制和激励。社会正义强调个人对自己利益的索取,这种索取对于理性的经济人而言无需外力的强制就能够自发实现。并且,社会正义给社会成员赋予相应的权利,从而使社会成员追求社会正义的主动性得到相应的支持、鼓励和保障。环境正义强调个体为了保护具有整体性的环境利益而进行付出,这种付出对于绝大多数人而言是不情愿的,故此,对环境利益进行保护以实现环境正义主要依靠对人类整体负有责任感的组织和个人对广大民众的环境行为进行约束、控制和激励,从而激励或强制人们履行环境保护义务。[1]

第十,从对非正义行为的救济方式来看,社会正义的补救主要通过利益赔偿,而环境正义的补救则主要通过责令履行环境保护义务并预防非正义行为的发生。在社会正义理论中,如果一方实施了不正义的行为而对另一方造成了利益损害,则可通过并主要通过对非正义行为实施者课以相应的损害赔偿责任,从而对受害者进行利益赔偿的方式,使社会正义得以校正和实现。在环境正义理论中,如果发生了非正义行为而对自然环境造成了损害,则主要是通过责令责任方积极履行环境保护义务以修复被损害的自然环境。并且,由于环境损害本身具有难以

---

[1] 关于环境正义实现的论述主要放在下一章,在此不赘。

恢复性、不可逆性等特点,所以,应把对环境非正义行为的事后救济转向事前预防,以实现环境正义。

通过上述十个方面的论述,我们基本上可以对环境正义有一个更加深入的认识和理解。如果把上述十个方面的内容用一个表格来展示的话,则可以做如下表述:

项目 类型	客观前提	主观动机	受益者	调整关系	核心	直接目的	对非正义的补救	性质	实现途径	相互性
社会正义	与环境好坏无关	自利	个人	个体与个体	权利	保护个体利益	赔偿	索取性	自发	严格的相互性
环境正义	环境危机	非自利	所有人	个体与整体	义务与责任	保护整体利益	履行义务、预防	付出性	强制、激励	不具有严格相互性

总之,环境正义的本质就是普遍的环境义务。如果用共同但有区别的责任原则与环境正义相对照的话,则其中的共同责任可以说是环境正义的表达,而区别责任是社会正义的表达。但是,正如笔者在前文所论述的那样,共同责任的最大困难就是其内容难以明确以致其难以在实践中得到落实。这同样也是环境正义实现的困难所在。环境正义的实现要求人们承担普遍的环境义务。这种环境义务如何落实,其法制保障措施应当有哪些,乃是下一章所要解决的问题。

第七章

整体主义环境正义的法制意义

笔者对环境正义的研究不仅仅是为了在理论上澄清什么是环境正义以及环境正义的本质是什么，不仅是为了在伦理道德的层次来研究环境正义，而是为了使环境正义能够成为人们环境保护行为的正义基础从而使其在实践中指导和支持社会主体的环境保护行为，探讨环境正义对环境法制的建设和完善具有什么意义和作用，或者说环境正义对环境法制的完善提出什么要求，而环境法制应如何对这些要求加以贯彻和落实。环境正义既然是社会主体环境保护行为的基础，其也应该是环境法制的基础，因为环境法制是规范人们的部分环境行为的一种规范。尽管从纯粹法学的角度而言，环境法制可以不需要环境正义基础，但是现在越来越多的人已经不采纳这种观点了。能够为环境法制提供环境正义支持毕竟不是一件坏事。另一方面，以环境保护为直接目的的现代环境法制也应当是保障环境正义能够实现的有效手段和途径之一。所以，探讨环境正义的法制意义既是探讨环境正义如何法制化，也是探讨环境正义实现的法制保障。既然环境正义是普遍的环境义务，那么，探讨环境正义的法制意义实际上就是解决普遍环境义务的法制化及其实现的法制保障问题。

一、基本环境义务的法制化

环境正义要求人们普遍承担环境保护义务，这是一种伦理道德上的要求。但是，要把这一伦理道德上的要求法制化，还存在环境义务的度的问题，也即什么程度的环境义务才能够转化为法律上的规定进而要求人们普遍遵守和履行。因为道德义务不具有强制性，而法律义务则要求法律所辖范围内的每个人都必须遵守，否则就违反了法律规定，进而需要承担不利的法律后果。道德义务的履行有赖人们的自觉以及社会的道德舆论。正如匈牙利法学家朱叶斯·穆尔所指出的那样："道德规范并不威胁适用外部的强制手段；有关执行道德规范要求的外部保证，对于它们来讲并无用处。它们能否得到执行，完全在于有关个人的内心。它们唯一的权威是以人们对它们的认识为基础的，即它们指明了行事的正当方式。使道德规范得以实现的并不是外部的物理性强制和威胁，而是人们对道德规范所固有的正当性的内在信念。因此，道德命令所诉诸的乃是我们的内在态度、我们的良知。"[1] 所以，在理论上，我们可以说，一个人既可以不履行道德义务，也可以履行更多的道德义务。但是，要想维持一个群体的基本秩序进而使每个群体成员都能够得到基本的生存条件保障，所有的群体成员都必须遵守最基本的道德准则，群体成员之间必须互负最基本的道德义务，如不杀人、不偷盗、不侵害他人等。而群体成员之间这些最基本道德义务的履行只能保证群体的基本秩序和群体成员的基本生存，无法使群体及其成员达到一个更加美好、更优福祉的状态。要想实现这种更加美好的状态，就需要群体成员（至少是部分群体成员）承担

---

[1] 参见 [美] E. 博登海默：《法理学：法律哲学与法律方法》（修订版），邓正来译，中国政法大学出版社 2004 年版，第 388 页。

更多的道德义务，如捐赠的义务、帮助弱者的义务等。这两类道德义务实际上对应于笔者在上文所提到的富勒先生所划分的"义务的道德"和"愿望的道德"。我国也有部分学者将道德划分为两个层次，即"基本的层次是社会的有序化层次，它的内容是维持社会存在的基本道德义务；超越的层次是提高生命质量的层次，它的内容是对最高善的探索和追求"。[1]这种超越层次的道德毫无疑问就是富勒先生所言的"愿望的道德"。

如果把道德义务法律化，也即把道德义务转化为法律义务，很显然，并非所有的道德义务都能够被转化。因为"道德本身是自由选择的产物"，所以对道德的"强制"并不是"天然合理的"，而是需要一个正当性的证明，也即对道德确定"一个限度，在此限度内的道德法律化才是合理的"。[2]也就是说，法律可以把部分道德义务法制化，但是并不是所有的道德义务都可以转化为法律义务。正如美国著名法学家博登海默先生所言："法律和道德代表着不同的规范性命令，然而它们控制的领域却在部分上是重叠的。从另一个角度来看，道德中有些领域是位于法律管辖范围之外的，而法律中也有些部门在很大程度上是不受道德判断影响的。但是，实质性的法律规范制度仍然是存在的，其目的就在于强化和确保人们遵守一个健全的社会所必不可少的道德规则。"[3]博登海默先生不仅强调并非所有的道德义务都能够转化为法律义务，而且指出只有那些维持"一个健全的社会所必不可少"的道德义务才能够被法律化。之所以如此，主要原因在于把道德转化为法律除了要受到一定的社会物

---

[1] 参见曹刚：《法律的道德批判》，江西人民出版社2001年版，第100页。
[2] 参见曹刚：《法律的道德批判》，江西人民出版社2001年版，第98页。
[3] ［美］E.博登海默：《法理学：法律哲学与法律方法》（修订版），邓正来译，中国政法大学出版社2004年版，第399页。

质生活条件等"客观因素的限制"、立法者的利益立场与认知能力等"主观因素的限制"以及法律的抽象性、稳定性、强制性等"法律形式本身的限制"之外,[1]还要求道德义务本身必须具有"可实践性"和"普遍化"[2]。维持社会基本秩序的道德义务必须得到所有成员的共同遵守,而且每个群体成员也都认可并有能力履行这种义务,进而应当并且能够得到法律强制手段的保障。而追求更加美好的道德义务尽管也许能够得到人们的普遍认可,但是由于社会成员之间存在能力方面的差异,不可能所有的社会成员都能履行这种道德义务。有些社会成员即使倾其所能估计也无法履行这种更高层次的道德义务。在这种情况下,如果把这种更高层次的道德义务法律化,结果只能是使法律"自取其辱",威严丧失,无法得到普遍的遵守。所以,基本上所有的社会都只把维持社会秩序的道德义务法律化,而对促使社会实现更加美好的更高层次的道德义务不做强制性要求。笔者在前文所言的环境义务有最低限度要求而无最高程度限制,指的就是这个意思。

至于哪些道德义务才是维持社会基本秩序所必须的道德义务,则由社会的文化、经济发展水平、文明程度等多种因素决定。尽管如此,不杀人、不偷盗等旨在维护人的最基本生存条件的戒律也都是不同宗教所共同遵守的戒律。所以,如果从世界的范围来看,尊重和维护人的基本生存的权利乃是全世界所有人都必须遵守的最基本的道德义务,这也是把人作为人看待的必然结果。笔者在前文所言的承认和尊重基本人权实际上也是这个意思。因此,放眼世界,无论是发达国家还是发展中国

---

[1] 参见曹刚:《法律的道德批判》,江西人民出版社2001年版,第49~50页。
[2] 参见黄云、辛敏嘉:《生态整体主义伦理下法律转向之探析》,载《求索》2011年第7期。

家，也不论是政教一体国家还是政教分离国家，无一不用法律的方式禁止杀人、偷盗等侵害人的基本生存条件（权利）的行为。并且，随着人类文明程度的不断提高，人所享有的受法律保护的权利也越来越多，以至于人权的目录不断增长。人的受法律保护的权利不断增长也意味着人们彼此之间所必须承担的受法律强制的义务也在增加，因为"一个社会的权利总量和义务总量是相等的"，正如部分学者所形象指出的那样，"如果既不享有权利也不履行义务可以表示为零的话，那么权利和义务的关系就可以表示为以零为起点向相反的两个方向延伸的数轴，权利是正数，义务是负数，正数每展长一个刻度，负数也一定展长一个刻度，而正数和负数的绝对值总是相等的"。[1]如果法律义务只是基本道德义务的法律化，则法律义务的增加就说明基本道德义务的增长和提高。所以，确定维护一个社会正常秩序的基本道德义务的程度是由该社会的客观情况决定的，但最终还是服务于该社会成员更好的生活。从这个意义来讲，不同社会所追求的目标也在一定程度上影响和决定该社会成员所应承担的基本道德义务，正如不同宗教领域的戒律存在差异一样。

环境正义要求基本环境义务的法律化，但基本环境义务如何确定仍然是一个非常重要的现实问题。自然环境是人类赖以生存的必要客观前提条件。并且，自然环境的品质状况越良好，越有利于人类的生存；相反，如果自然环境的品质状况遭受破坏而恶化到一定的程度，其就不再能够满足人的生存需求，不再适合人的生存。所以，从客观上讲，把自然环境的品质维持在能够满足人的生存需求的水平上是人类社会对自然环境的一

---

[1] 参见张文显：《法哲学范畴研究》（修订版），中国政法大学出版社2001年版，第340页。

种最低要求，也是人们必须实现的最低环境目标。如果环境品质低于这个标准，则人们的生存根本无法得到保障，社会秩序自然无法正常维持。但是，在人们都把目光投向实现个体经济利益最大化的社会背景下，满足人们生存需要的最低环境品质的实现并不是自发实现的，而是需要人们对其经济行为加以克制以防止环境品质恶化到不适合人们生存的地步。否则，环境恶化的脚步不会停止，直至（环）境毁人亡。发生在20世纪中期的伦敦烟雾事件、洛杉矶光化学烟雾事件以及日本的四日市哮喘事件等都是非常深刻而惨痛的例子。因此，即使是适合人们最低生存需求的环境品质的实现在现代社会中也需要人们履行相应的环境保护义务，也即基本环境义务。尽管基本环境义务的履行对生存与环境中的每个人都有利，包括环境义务履行者自身，但是，基本环境义务的履行在通常情况下都与个体经济利益的最大化相矛盾。所以，基本环境义务作为现代环境危机背景下人们所应承担的一种基本道德义务，必须转化为法律义务，以保障基本环境品质的实现。

其实，人们赖以生存的环境的品质是一种可被客观测定和描述的事实情况。这种客观事实本无意义，只有将其与服务对象相联系时才有意义。例如，人们可以根据一定的标准把水质分成五类，不同类别水质的水体可以满足人类不同用途的需求。[1] 但是，如果按照桃花水母的生存需求，则能够适用于集中式生活饮用水的Ⅲ类水体也无法满足它的生存需求。所以，在确定

---

[1] 我国《地表水环境质量标准》将地表水分为五类：Ⅰ类，主要适用于源头水、国家自然保护区；Ⅱ类，主要适用于集中式生活饮用水地表水源地一级保护区，珍稀水生生物栖息地、鱼虾类产卵场、仔稚幼鱼的索饵场等；Ⅲ类，主要适用于集中式生活饮用水地表水源地二级保护区，鱼虾类越冬、洄游通道、水产养殖区等渔业水域及游泳区；Ⅳ类，主要适用于一般工业用水区及人体非直接接触的娱乐用水区；Ⅴ类，主要适用于农业用水区及一般景观要求水域。

人们的基本环境义务时首先要确定人们所要实现的环境目标,为了实现这一环境目标,人们需要承担什么程度的基本环境义务。除此之外,基本环境义务还应当能够被所有的社会主体所遵守和履行,否则,该基本环境义务根本无法法律化,进而也就不应当成为基本环境义务。但是,基本环境义务也不至于低到对社会主体的行为没有什么影响,而是应当保障最低水平的环境质量,以满足人们的生存需要。因此,从现实中不同社会主体之间能力的巨大差异性以及保障人们基本生存需要的要求出发,基本环境义务既不可能过高,也不可能过低。

从整体上看,我们可以将环境质量目标定位在能够满足人们基本生存的水平,也即能够保障生存在其中的人们的人身与财产安全,不至威胁和损害人们的人身利益和财产利益。这也是自然环境作为人的生存基础所必须具备的最低层次的质量。为了实现这一环境质量目标,社会主体必须承担相应的环境义务,即基本环境义务,并且应当采取法律的手段保障基本环境义务得以履行。从局部区域来看,现实中人们已经根据不同区域的生态环境特征、生态服务功能的差异以及人们的现实需求等把不同的区域划为不同的生态功能区。我国环保部和中国科学院于 2008 年联合发布的《全国生态功能区划》中,将全国生态功能区划分为生态调节、产品提供和人居保障 3 类生态功能一级区,在生态功能一级区的基础上细化为 9 类生态功能二级区,共包含 216 个生态功能三级区,具体如下表:[1]

---

[1] 中华人民共和国环境保护部、中国科学院:《全国生态功能区划》,2008年7月,第16页。

生态功能一级区（3类）	生态功能二级区（9类）	生态功能三级区列举（共216个）
生态调节	水源涵养	大兴安岭北部落叶松林水源涵养
	防风固沙	呼伦贝尔典型草原防风固沙
	土壤保持	黄土高原西部土壤保持
	生物多样性保护	三江平原湿地生物多样性保护
	洪水调蓄	洞庭湖湿地洪水调蓄
产品提供	农产品提供	三江平原农业生产
	林产品提供	大兴安岭林区林产品
人居保障	大都市群	长三角大都市群
	重点城镇群	武汉城镇群

不同的生态功能区对环境目标的要求不一样，进而要求人们承担的环境义务也不完全一样。例如，水源涵养区要实现水源涵养的目标，进而要求人们不能从事与水源涵养目标相矛盾的开发利用活动，如大面积砍伐森林、修建工厂、设置排污口等；而在土壤保持区中，人们不能够从事与土壤保持目标相冲突的生产开发活动，如在陡坡开荒种植等。虽然产品提供区和人居保障区的主要功能是提供产品和保障人居，但这并不意味着在此两类生态功能区中没有环境保护的要求，此两类生态功能区是以相应的环境质量状况为基础和前提。产品提供区不仅要确保其提供的产品不至于危害消费者的生命健康，而且要防止其产品生产过程给自然环境造成损害，如土壤污染、水污染等；人居保障区同样也要保障城镇居民能够呼吸清洁的空气、喝到清洁的饮用水等。

所以，基本环境义务除了满足人们的基本生存所需的环境状况之外，还应当满足特定的生态功能区对环境目标的更高要求，如在水源一级保护区中禁止任何排污行为等。如果对基本环境义务做一个抽象的概括，则可以将其表述为禁止从事与具体环境目标相悖的一切行为。这一具体环境目标既包括维持人们基本生存的最低目标，也包括特定生态区域的更高特殊目标。

如果把上述这种基本环境义务具体落实到法律规定上，则情况会更加复杂。在现实中，我们对环境义务的各种规定并不陌生。有关环境保护的国际性宣言、条约以及各国的国内法处处都体现了环境义务。《人类环境宣言》所规定的26项共同信念中，绝大多数条款要么直接规定"有责任"做什么，要么直接规定"应该"或"必须"做什么，表述的都是各种环境义务。《世界自然宪章》的内容，从"一般原则"直到"功能""实施"部分，都规定了相应的环境义务，如"不得损害大自然的基本过程"（原则一）、"地球上的遗传活力不得加以损害"（原则二）、"生物资源的利用不得超过其天然再生能力"（功能10a）、"使用时并不消耗的资源应将其回收利用或再利用"（功能10c）、"各国和有此能力的其他公共机构、国际组织、个人、团体和公司都应"进行相应的环境保护行为。（实施21a、b、c、d、e）等。我国《环境保护法》第6条第1款也规定"一切单位和个人都有保护环境的义务"，并进一步对政府、公民和企事业单位的环境义务做了总括性的规定，即"地方各级人民政府应当对本行政区域的环境质量负责"，"企事业单位和其他生产经营者应当防止、减少环境污染和生态破坏，对所造成的损害依法承担责任"，"公民应当增强环境保护意识，采取低碳、节俭的生活方式，自觉履行环境保护义务"。日本1993年《环境基本法》在"总则"部分从第6条到第9条分别对国家、地方公共团体、企业者和国民的环境义务做了概括性的规定。[1]除此之外,还有其他的国际环境保护文件和国内法律基本上都对环境义务作了规定,在此笔者没有必要一一列举。从这些规定我们可以看出,在性质上,相关文件所规定的环境义务并不都是法律义务;在内容上,既有国家、政府的环境义务,也有企事业单位、社会团体以及公民个人的环境义务,既有积极的环境义务,即规定义务主体应当作出某种环境保护行为的作为义务,也有消极的环境义务,即规定义务主体不作某种行为的不作为义务,既有直接的环境义务,即直接作用于被保护对象(自然环境)本身的义务,也有间接的环境义务,即通过直接作用于有关机构和人员而间接作用于被保护对象(自然环境)的义务。

所以,对于环境义务的法律化问题,我们首先应当确定一个社会所要实现的具体环境目标是什么,再具体确定为了达到这种环境目标,政府、企事业单位和普通民众应当负有哪些基本环境义务,进而把这些基本环境义务法律化。由于普通民众、企业以及政府的能力、职责以及与环境问题的直接联系方面存在巨大的差异,所以,对三类不同的主体应当规定不同的环境法律义务,这样才能使基本环境义务得以落实,使环境目标得以实现。

对于普通民众而言,应以承担消极的环境法律义务为原则,以承担积极的环境法律义务为例外。消极的环境法律义务禁止人们从事某种环境污染或破坏行为,所有的民众都有能力遵守它。积极的环境法律义务要求人们为环境保护付出一定的努力,作出某种积极的作为,并不是所有的社会公众都有能力作出该种积极作为。因此,承担积极的环境法律义务对普通民众而言只是一种在特殊情况下应当承担的环境法律义务,而不是所有

---

[1] 参见《日本环境基本法》,汪劲译,载《外国法译评》1995年第4期。

的社会公众在任何情况下都普遍履行的环境法律义务。一般而言，普通民众承担积极的环境法律义务应针对与普通民众的生产、生活具有直接联系的事务，并且义务承担者有能力履行该义务。例如，要求普通民众把生活垃圾分类投放、[1]要求资源的

---

[1] 全国以及各地有关生活垃圾分类管理的规定中都强调普通民众将生活垃圾分类投放的法律义务。简单列举如下：住房和城乡建设部2005年修正的《城市生活垃圾管理办法》第16条规定："单位和个人应当按照规定的地点、时间等要求，将生活垃圾投放到指定的垃圾容器或者收集场所。废旧家具等大件垃圾应当按规定时间投放在指定的收集场所。城市生活垃圾实行分类收集的地区，单位和个人应当按照规定的分类要求，将生活垃圾装入相应的垃圾袋内，投入指定的垃圾容器或者收集场所。宾馆、饭店、餐馆以及机关、院校等单位应当按照规定单独收集、存放本单位产生的餐厨垃圾，并交符合本办法要求的城市生活垃圾收集、运输企业运至规定的城市生活垃圾处理场所。禁止随意倾倒、抛洒或者堆放城市生活垃圾。"2020年《北京市生活垃圾管理条例》第34条规定："产生生活垃圾的单位和个人是生活垃圾分类投放的责任主体，应当按照下列规定分类投放生活垃圾：（一）按照厨余垃圾、可回收物、有害垃圾、其他垃圾的分类，分别投入相应标识的收集容器；（二）废旧家具家电等体积较大的废弃物品，单独堆放在生活垃圾分类管理责任人指定的地点；（三）农村村民日常生活中产生的灰土单独投放在相应的容器或者生活垃圾分类管理责任人指定的地点；（四）国家和本市有关生活垃圾分类投放的其他规定。居民装饰装修房屋过程中产生的建筑垃圾，按照生活垃圾分类管理责任人指定的时间、地点和要求单独堆放。"《南京市生活垃圾管理条例》第28条条规定："园林绿化养护过程中产生的枝条、树叶、枯树等绿化作业垃圾，应当投放至指定的收集点，不得混入生活垃圾投放。装修垃圾应当投放至管理责任人指定的收集储存场所临时堆放，不得混入生活垃圾投放。工业固体废物、危险废物按照相关法律、法规处置，不得混入生活垃圾投放。动物尸骸按照有关动物防疫法律、法规处置，不得混入生活垃圾投放。乙类以上呼吸道传染病疑似病例或者确诊患者佩戴的口罩，应当按照医疗废物有关流程处置，不得混入生活垃圾投放。"2020年《广州市生活垃圾分类管理条例》第13条规定："产生生活垃圾的个人应当按照有关规定将生活垃圾分类投放到有相应标识的收集容器内或者指定的收集点。产生生活垃圾的个人应当遵守下列规定：（一）厨余垃圾应当沥干后投放；（二）灯管、水银产品等易碎或者含有液体的有害垃圾应当在采取防止破损或者渗漏的措施后投放；（三）可回收物应当投入有可回收物标识的生活垃圾收集容器或者预约再生资源回收经营企业回收；（四）废弃的年花年桔应当按照城市管理行政主管部门指定的时间和地点投放；（五）废弃的体积大、整体性强或者需要拆分再处理的大件家具，应当预约再生资源回收经营企业、生活垃圾分类收集单位回收，或者投放至指定的回收点；

消耗者缴纳资源税、要求啤酒的消费者交纳酒瓶押金等就是普通民众应当承担的积极环境法律义务。很显然，法律不可能要求与东北虎、大熊猫、白天鹅等珍稀物种没有直接联系的普通民众去实施保护这些珍稀物种的各种积极作为。

　　对于企事业单位而言，其生产经营活动是环境污染与破坏的直接原因，并且其也有能力承担比普通民众更多的积极环境法律义务，但是，企事业单位的环境污染或破坏行为毕竟具有一定的社会正当性，因为其生产经营活动满足了社会公众的物质与精神需求，并且这也是企事业单位的基本社会功能与主要目标。所以，企事业单位应当承担的基本环境义务中除了包含一般的禁止性的消极环境法律义务外，还有一些积极的环境法律义务，但这种积极的环境法律义务并不是无限制的，而是应当限制在与企事业单位的生产经营活动具有直接联系的环境行为范围内，如要求企事业单位对其排污情况进行自行监测和报告、按照相关标准进行排污、按照相关要求设置排污口、对其环境行为进行环评、对其产品进行回收等。这些要求企事业单位进行相应的积极作为的基本环境义务都已为世界各国的相关法律所承认和规定，进而成为企事业单位必须履行的积极环境法律义务。

　　对于政府而言，其除了要承担一般的消极环境法律义务外，更为重要的是其还应当承担更为综合性的积极环境法律义务。政

（接上页）（六）废弃的电器电子产品应当按照产品、说明书或者产品销售者、维修机构、售后服务机构的营业场所标注的回收处理提示信息预约回收，或者投放至指定的回收点。产生生活垃圾的单位投放生活垃圾应当遵守本条第一款、第二款的规定，向收集单位交付的生活垃圾应当符合分类标准。"第14条规定："餐饮垃圾产生者应当按照环境保护管理的有关规定，对餐饮垃圾进行渣水分离；产生含油污水的，应当油水分离。餐饮垃圾和废弃食用油脂应当单独分类并密闭存放。集贸市场、超市管理者应当将废弃果蔬菜皮粉碎、脱水预处理后，投放至有餐厨垃圾标识的收集容器内。"

府首先应当保证自己及其代理机构与人员不得从事与基本环境目标的实现相违背的行为，也即基本的消极环境法律义务。但是，政府仅仅承担消极的环境法律义务对于环境基本目标的实现还是远远不够的，因为政府作为社会公共利益的代表者和主要提供者，对一个社会基本环境目标的实现负有主要责任。正如我国《环境保护法》第6条第2款所明确规定的那样，"地方各级人民政府应当对本行政区域的环境质量负责"。[1]也就是说，一个社会的政府有责任保障该社会基本环境目标得以实现，至于如何负责以实现基本环境目标，需要政府采取各种有效措施。现实中，政府能够采取的旨在实现环境目标的措施之范围比较广泛，大到经济与社会发展的各种规划，小到对某个排污企业的监督检查，从强制到教育、激励，从环境的直接治理到环保技术的开发，涉及社会的方方面面，几乎是无所不包。至于哪些具体的措施是政府必须采取的，也即属于政府的基本环境义务而应被法律明确规定，则主要应当根据社会所要实现的环境目标以及确保普通民众和企事业单位的基本环境义务得以履行来确定。

在理论上，我们可以说，只要政府的基本环境义务得到全面的履行，就可以完满实现确定的环境目标。但是，现实的情况比这种理想的状况要复杂得多。由于政府本身受到各种客观和主观因素的制约，不仅其理性、信息、人力、物力、财力等都是有限的，而且还有可能受政府部门人员私利的影响和控制，导致学者所言的"政府失灵"现象。在这种情况下，要想实现环境正义，保护环境的良好状态，达到环境目标，就需要社会

---

[1] 国外环境法也有类似的规定，如俄罗斯《环境保护法》第3条明确规定"俄罗斯联邦国家权力机关、俄罗斯联邦各主体国家权力机关、地方自治机关，负责在相应的区域内保障良好的环境和生态安全"等。

公众和企事业单位承担更多的积极环境义务。一方面，政府的能力有限，即使其对环境保护有浓厚的热情和强烈的意愿，也有可能力不从心，凭其自身无法解决所有的环境保护问题，需要广大社会公众的积极配合与投入，如监督企事业单位违反基本环境义务的违法行为、开发环保技术、研发环保产品等；另一方面，政府自身有时也会为了追求经济利益而无视其应当承担的基本环境义务，违反相关法律的规定。在这种情况下，需要社会公众对政府的环境违法行为进行监督、约束乃至制止。此外，为了追求更加美好的自然环境，社会公众和企事业单位可以自愿承担更多的环境保护义务，这也是符合环境正义的。但是，社会公众和企事业单位的这种积极努力实际上已经超出了其应承担的基本环境义务的范围，属于更高层次的环境义务，无法用法律的形式加以规定，要求社会公众和企事业单位必须遵守和履行，而只能依靠社会公众和企事业单位的自愿。

在通常情况下，以追求自身利益最大化为主要目标的社会公众和企事业单位都缺乏自愿承担更高层次环境义务的动力，因为履行更高层次环境义务的环境保护行为都是典型的付出大于收益的具有负外部性的行为。在这种情况下，为了保证社会公众和企事业单位承担更高层次的环境义务，对其进行一定的激励是必要的。由于政府负有保证环境目标实现的主要责任，所以，对社会公众和企事业单位的激励一般都来源于政府。正如以我国《环境保护法》第11条的规定为典型代表，并在我国相关环境法律中都有类似规定的政府奖励，即"对保护和改善环境有显著成绩的单位和个人，由人民政府给予奖励"。这种奖励制度在我国的《清洁生产促进法》和《循环经济促进法》中得到进一步具体化。

从某种意义上，我们可以说政府对社会公众和企事业单位履行更高层次的环境义务所进行的奖励和激励也是政府承担的一种环境义务,但是这种环境义务在什么程度上才能算是政府的基本环境义务,也即在什么程度上才能把它法律化,从而使政府必须遵守和执行,主要取决于政府所要实现的环境目标以及确保社会公众和企事业单位基本环境义务的履行。可以预见的是,随着人们对更高环境目标的追求,政府应当对社会公众和企事业单位积极履行更高层次的环境义务提供更多更大的激励。现实中,通过法律的途径赋予社会公众知情权、参与权、[1]监督检举权[2]、公益诉讼权[3]等有利于环境保护的各种权利,既是确保社会公众拥有履行更高层次环境义务的正当途径,也是对社会公众履行更高层次环境义务的一种激励。这些都体现了环境正义的必然要求。

二、环境教育的法制化

环境正义不仅要求人们承担基本的环境义务,而且要求人们承担更高层次的环境义务,但是,这些环境义务的切实履行在很大程度上是以人们对它的认同为基础的。虽然基本环境义

---

[1]《奥胡斯公约》赋予民众进行环境保护的知情权、参与权和获得救济权。我国《环境保护法》第53条第1款也规定"公民、法人和其他组织依法享有获取环境信息、参与和监督环境保护的权利"。

[2] 我国《环境保护法》第57条第1款和第2款规定:"公民、法人和其他组织发现任何单位和个人有污染环境和破坏生态行为的,有权向环境保护主管部门或者其他负有环境保护监督管理职责的部门举报。公民、法人和其他组织发现地方各级人民政府、县级以上人民政府环境保护主管部门和其他负有环境保护监督管理职责的部门不依法履行职责的,有权向其上级机关或者监察机关举报。"

[3] 我国《环境保护法》第58条第1款规定:"对污染环境、破坏生态,损害社会公共利益的行为,符合下列条件的社会组织可以向人民法院提起诉讼:(一)依法在设区的市级以上人民政府民政部门登记;(二)专门从事环境保护公益活动连续五年以上且无违法记录。"尽管该条没有把提起环境公益诉讼的权利赋予普通社会公众,但在美国的环境公民诉讼中,普通民众可以提起诉讼。

务可以转化为具有强制性的法律义务，但法律本身能否得到很好的遵守和实施在很大程度上仍然取决于广大民众发自内心地对法律的认可。要想使社会公众践行更多的更高层次的环境义务，最好的办法就是调动社会公众的主动性，使其能够为环境保护事业主动付出。在现代社会中，社会公众对环境义务的认可以及主动承担更多更高层次的环境义务，需要社会公众具有较强的环境保护意识以及对环境共同体的身份认同与责任感，这些都有赖于环境教育的有效开展和实施。

有身份就有责任。如果人们对自己的身份认识不清，则其对自身责任的认识自然不会清楚或认可。同理，在现代环境危机的背景下，如果人们认识不到自己是环境共同体中的一员，则其自然不会产生为环境保护事业而努力付出的强烈责任感。并且，自由主义文化已经渗透到现代社会的各个领域而成为社会的主流文化，主导着世界的话语权。社群主义虽然对自由主义的思想进行了全方位的批驳，但并没有动摇自由主义在世界话语中的主导地位。自由主义强调个体的独立、自主，从而轻视个体对共同体的依赖和需求。但是，人们普遍生活于各种共同体中是一个不可否认的客观事实。受自由主义思想指导的人们都是在各种共同体中行使自己的自主性，在共同体的基础上展现社会成员之间的多元性。离开共同体，人们的自主性和多元性都不可能很好地得以实现。正如有学者所指出的那样，"共同体"是"自主性和多元性赖以发挥作用的环境或场所"，尤其是"我们每个人通过寻求各种机会来行使自己的自主性，并做出自己的生活抉择，这一切都发生在共同体或社会之中"，而在一个"缺乏共同体生活，人与人之间的相互交往和互信关系处于较低水平"的高度自由主义社会中，"个人自主性和各种选择机会反而可能受到局限"，在这种情况下，人们更难获得幸福感。[1]共同体既是"人类生活的一个基本构成",也是"人类的一种基本需要",它所构成的"自足系统"能够满足人类的"合群需求",并让人类获得一种"归属感",所以,共同体不仅是"人类幸福的一个必要条件",也是人类生存的必要基础,人们对共同体的"忠诚"是"没有条件的、不计利弊的",共同体也不是人们"选择的结果"。[2]

对于作为现代自由社会的个体而言,我们不仅要让其认识到其实际上是共同体的成员,而且要让其能够感受到共同体的实际存在,进而培养其为共同体的繁荣与兴旺而努力奋斗的责任感。对于身处环境危机中的人们而言,更应该让其能够认识到、感受到环境共同体的存在,进而培养和激发其环境保护的意识和责任感,这些主要归功于环境教育。这也是环境教育为何在现代环境危机的背景下兴起并受到国际社会以及世界各国普遍重视的原因所在。

如果说教育"不只是让年轻人为了就业而做准备",其基本功能是"培养年轻人成为富有责任的,能够在社会中发挥作用的公民",[3]则环境教育的主要功能就是要培养社会公众的环境共同体意识及其身份认同,进而激发其为环境保护努力奉献的责任意识,这基本上是世界各国对环境教育的功能的普遍共识。早在1972年的时候,英国伦敦大学的卢卡斯教授就提出了被后世广为传播的环境教育模式,即"卢卡斯模式"。该模式把环境教育归纳为"关于环境的教育"(education about the environment)、

---

[1] 参见[英]保罗·霍普:《个人主义时代之共同体重建》,沈毅译,浙江大学出版社2010年版,第143页。

[2] 参见[英]保罗·霍普:《个人主义时代之共同体重建》,沈毅译,浙江大学出版社2010年版,第141~142页。

[3] 参见[英]保罗·霍普:《个人主义时代之共同体重建》,沈毅译,浙江大学出版社2010年版,第149页。

"在环境中的教育"(education in the environment)和"为了环境的教育"(education for the environment)三个层面的内容。[1]在这里,关于环境的教育实际上就是向人们传授有关环境的知识,包括环境的状况、环境如何被污染和破坏、采取什么技术能够修复环境和减少污染、人与环境之间的关系等,使人们增长有关环境的知识和技能,认识到环境的整体性等特征;在环境中的教育实际上就是使人们理论联系实际,在实际环境中认识环境,感受人与环境的关系,体会环境的整体性,深化人们的环境共同体认识;为了环境的教育就是在前面两个方面环境教育的基础上,向人们传授对待环境的正确态度、价值观,并鼓励和激发人们采取积极的行动去保护环境。环境教育的这三个方面是一个有机的整体,共同实现环境教育的功能目标。关于环境的教育和在环境中的教育相互促进,密不可分。如果没有前者,人们所获得的环境知识和对环境的认识不全面;如果没有后者,人们对环境的认识以及对环境共同体的认识不深刻,仅限于抽象层面而无法切实体会到。并且,关于环境的教育和在环境中的教育最终目的都是为了更好地实现环境的教育,使人们树立正确的价值观、对待环境的正确态度,进而采取切实的行动努力保护环境。

对于环境教育的重要性,国际社会也早有认识。1972年的《人类环境宣言》明确强调,"为了更广泛地扩大个人、企业和基层社会在保护和改善人类各种环境方面提出开明舆论和采取负责行为的基础,必须对年轻一代和成人进行环境问题的教育,同时应该考虑到对不能享受正当权益的人进行这方面的教

---

[1] 参见徐祥民主编:《环境与资源保护法学》(第2版),科学出版社2013年版,第177页。

育"。[1]宣言实际上强调了环境教育的普遍性,不仅拥有受教育权的人要接受环境教育,而且不能正常享受教育权益的人也应当接受环境教育。

1975年联合国在贝尔格莱德召开世界环境教育会议。会议通过了《贝尔格莱德宪章》,指出环境教育的目标为"促进全人类去认识、关心环境及其有关问题,并促使其个人或集体具有解决当前问题和预防新问题的知识、技能、态度、动机和义务",并对环境教育的对象及指导原理作出了规定。[2]

1977年10月14日至26日,联合国教科文组织在苏联格鲁吉亚共和国的第比利斯召开了首届政府间世界环境教育会议,并通过了《第比利斯政府间环境教育会议宣言》(以下简称《环境教育宣言》)。该宣言明确承认环境教育的产生的国际背景,即"在过去的几十年里,人类运用其改变环境的能力,加速了自然平衡的变化,结果导致许多物种面临种种危险,出现不可逆的变化",并且把《人类环境宣言》中确定的"为当代人和子孙后代保护和改善环境"作为环境教育的最终目的。为了实现这一最终目的,《环境教育宣言》进一步明确指出,环境教育不仅"应该促使人们理解当今世界的主要问题,使他们获得必要的技能和品德,为改善生活发挥积极的作用,在充分尊重道德价值观念的基础上保护好环境,为生活作好准备",而且"应在广泛的跨学科的基础上,采取一种整体性的观念和全面性的观点,认识到自然环境和人工环境是深深地相互依赖的","揭示今天的行为与未来的结果之间有着永久性的联系","证明各国共同体之间相互依存,因此全人类应紧密团结","促使个人

---

[1]《人类环境宣言》共同信念19。
[2] 参见崔建霞:《环境教育:由来、内容与目的》,载《山东大学学报(哲学社会科学版)》2007年第4期。

在特定的现实环境中积极参与问题解决的过程,鼓励主动精神、责任感和为建设更美好的明天而奋斗"。[1]该宣言实际上也是将人们对环境的知识、技能、态度、积极参与等包含在内。正如该会议报告中所明确指出的那样,环境教育的直接目标就是"成功地使个人和社会了解自然的复杂性,了解环境损害的复杂性了解建立产生于物理、生物、社会、经济、文化诸方面相互作用的环境,人们在此过程中能够获得环境意识、环境知识、价值信念、态度和实用技能,以便能以一种负责的和有效的方式参与环境损害的认识和解决"。[2]

联合国旨在实现人类社会可持续发展的《21世纪议程》把教育作为实现人类可持续发展的一种手段,指出"教育是促进可持续发展和提高人们解决环境与发展问题的能力的关键",提倡把"环境与发展概念、包括人口学列入所有教育方案内",力求"使各阶层人民从小学年龄至成年都接受与社会教育相联系的环境与发展教育",并"在全世界范围内使社会各阶层都尽快具有环境和发展意识"。并且,《21世纪议程》也清楚地认识到环境教育对培养人们的"环境意识"以及"符合可持续发展和社会大众有效参与决策的价值观和态度、技术和行为"都是必不可少的。为了实现环境教育的目的,《21世纪议程》还强调环境教育"应涉及物理/生物和社会-经济环境以及人力发展(可以包括宗教在内),应当纳入各个学科,并且应当采用正规和非正规方法及有效的传播手段"。[3]在联合国《21世纪议程》的指导和要求下,世界各国也纷纷制定了本国的《21世纪

---

[1] 参见《第比利斯政府间环境教育会议宣言》。
[2] 参见徐祥民主编:《环境与资源保护法学》(第2版),科学出版社2013年版,第177页。
[3] 参见《21世纪议程》第36章"促进教育、公众认识和培训"部分。

议程》。其中也都有环境教育的相关规定。例如《中国 21 世纪议程》在第六章"教育与可持续发展能力建设"中明确规定："加强对受教育者的可持续发展思想的灌输。在小学《自然》课程、中学《地理》等课程中纳入资源、生态、环境和可持续发展内容；在高等学校普遍开设《发展与环境》课程，设立与可持续发展密切相关的研究生专业，如环境学等，将可持续发展思想贯穿于从初等到高等的整个教育过程中。"

此外，1987 年在莫斯科召开了国际环境教育与培训大会并通过《90 年代环境教育和培训领域的国际行动战略》，进一步承认第比利斯会议的框架体系和指导原则，并将可持续发展确立为环境教育的最高目标。1997 年在希腊的塞萨洛尼基召开了国际环境教育大会，通过了《塞萨洛尼基宣言》，旨在将已经确定的环境教育框架转变成实际行动。2007 年在印度的阿哈迈达巴德召开国际环境教育大会并通过《阿哈迈达巴德宣言》以及行动建议，"敦促各国政府制定一套可付诸实施的定位于可持续发展的政策框架，鼓励从本土传统的生活、教育和发展方式中汲取智慧，尤其强调行动的价值"。[1]

综观环境教育在国际社会的兴起与发展情况，我们不难看出，环境教育的最高目标或者终极目标就是有效保护自然环境进而实现人类社会的可持续发展。为了实现这一目标，环境教育不仅要注重知识的传授，更重要的是要培养人们的对待自然的正确态度、价值观，并希望将这种观念最终转化为人们的环境保护行动。所以，环境教育与环境正义的宗旨是一致的，环境教育的目标体现了环境正义的要求。

环境教育是实现环境正义的一条重要途径和一种重要手段。

---

[1] 参见柴慈瑾等：《全球环境教育的进展与趋势分析》，载《北京师范大学学报（社会科学版）》2009 年第 6 期。

为了保证环境教育在各国得到很好的落实，促进环境正义，各国有必要将环境教育用法律的形式加以确定，也即环境教育的法制化。但是，法律应当对环境教育的哪些方面或事项加以规定呢？要解决这一问题，首先必须明确环境教育的功能目标以及如何确保这一功能目标的实现问题。在前面的论述中，笔者已经指出在现代环境危机背景下诞生的环境教育应当以保护环境实现人类的可持续发展为终极目标，为了实现这一目标，环境教育不仅要传授人们相关的环境知识、技能，更重要的任务是要培养人们对待环境的正确态度和价值观，唯有如此，才可能使人们以更为积极的姿态投身到环境保护事业中去。所以，如果把环境教育法制化，则该法律文件至少应当规定环境教育的目标、环境教育的内容、环境教育的对象、途径、方式。除此之外，为了有效保障环境教育的具体实施，环境教育法规还可以对环境教育的机构、责任主体、经费与人员保障等作出明确的规定。其实这一判断也可以从世界有关国家和地区的环境教育法律的规定中大致得出。

目前，美国、巴西、日本、菲律宾、韩国等已经制定了专门的环境教育法。此外，还有些国家和地区虽然没有制定专门的环境教育法，但在他们的教育法中对环境教育做了相应的规定。在此，笔者主要考察具有代表性的美国、巴西、菲律宾的环境教育法的主要规定。

美国在 1970 年制定了《环境教育法》，并于 1990 年对该法加以修订，[1]这是世界上最早的环境教育单行法。该法首先明确了美国环境教育的主要目的和宗旨就是"提高环境质量，保

---

[1] 1970 年美国《环境教育法》的中译本参见张维平译，载《国外法学》1988 年第 5 期。1990 年美国《环境教育法》参见新民勤生态国际论坛的博客，载 http://blog.sina.com.cn/s/blog_ 13bd6039f0102vtjd.html，最后访问日期：2024 年 4 月 30 日。

持生态平衡"（1970年）或者更具体的就是"增强国民对自然和人造环境的了解并提高对环境问题的认识"以及"培养解决复杂环境问题的能力"（1990年）。至于为何做出这种目标规定，主要原因在于"联邦国会发现国家环境质量的恶化和生态平衡的破坏对国内人民的健康和生命构成了严重威胁，其部分原因是对保持国家环境和生态平衡缺乏正确认识，目前用在这方面教育和指导公民的资料不足，因此，有必要集中力量对公民进行关于环境质量和生态平衡的教育"（1970年）或者"美国国会认为，美国境内毒性污染物四处泛滥，对美国人的健康和环境质量构成了严重威胁，另一方面，国际的环境问题，诸如全球温室效应、海洋污染、物种灭绝等也对人类健康和全球环境具有深远影响。要解决复杂的环境问题，就必须使人们正确认识自然环境和人造环境，形成对环境问题的意识和解决环境问题的技能"（1990年）。在此基础上，美国《环境教育法》在第5条、第6条、第7条对环境教育的内容、方式途径做了明确的规定。该法（1990年）第5条规定了环境教育和培训计划，该计划的任务与活动主要包括："（1）环境教育与研究的课堂培训，内容包括环境科学、教育方法和应用、环境专业与职业教育；（2）野外环境研究与评估的设计与实施；（3）发展环境教育计划和课程，包括配合各民族和文化团体所需计划与课程；（4）管理并资助美国与加拿大、墨西哥之间的环境教育教师与教育专业人员的国际交流；（5）维持和支持拥有环境教育资料、文献和技术的图书馆；（6）环境教育资料、培训方法和相关计划的传播与评鉴；（7）资助为发展环境教育和训练所需课程和资料而召开的各种会议、研讨会和论坛；（8）支持有效的合作和工作网络，以及运用有关环保的各类学习技术。"该法（1990年）第6条规定了能够获得资金支持的环境教育活动，即"（1）环境课程的设计、演示或传播，包括开发教育工具和资料；（2）户外教学的方法，实施技术的设计与演示，包括对环境和生态状况的评估和对环境污染问题的分析；（3）计划的目的在于了解和评估一个特别的环境课题或环境问题；（4）对特定地理区域的教师和有关人员提供培训；（5）促进国际间有关环境问题与课题的设计与演示计划等合作事宜，且计划内容涉及美国、加拿大和墨西哥三个国家。"该法（1990年）第7条对环境实习及其资金支持作出了规定，即"环境保护署署长与人事管理局及其他联邦政府机构商议后，每年为250名大学生提供实习奖金，并为50名在职教师提供奖学金，让他们有机会在联邦政府的适当机构中工作，包括环境保护署、渔业与野生物管理局、国家海洋与大气总署、环境质量委员会、农业部、国家科学基金会及其他联邦政府自然资源管理机构。设置实习奖金及奖学金的目的，在于为大学生及其在职教师提供与联邦政府有关环境机构专业人员一起工作的机会，以获得对有关环境的了解和重视，并获得此项专业所需的技能。"此外，美国《环境教育法》还在第4条规定了在环保署设置环境教育处，作为环境教育的负责与主管机构；在第8条规定了作为激励措施的环境教育奖金，即对为环境教育做出卓越贡献的人士颁发环境教育奖金；在第9条规定环境教育咨询委员会和环境教育工作委员会的设置。

巴西于1999年制定《国家环境教育法》，并于2002年制定该法的实施细则。该法分为"环境教育""全国环境教育政策"和"全国环境教育政策的实施"三章，总计21条。其中，"环境教育"一章主要规定了环境教育的定义、定位、责任主体、基本原则和基本目标等内容。该法第1条明确规定环境教育即"为使个人和集体就环境保护——人民共同享有财富、生活健康质量及其可持续性之根本——树立社会价值观、获得知识、技能、确定立场和权限所进行的教育"。其实该条已经指出了环境教育的目标就是使个人和集体获得环境保护的知识技能、树立环境保护的正确社会价值观、确立环境保护的立场。该目标在《国家环境教育法》第5条进一步具体化为七个方面,即"(1)树立对环境及其包括生态、心理、法律、政治、社会、经济、科学、文化和伦理关系在内的复杂性的全面理解;(2)保证环境信息的民主化;(3)鼓励并加强对环境与社会问题的认知;(4)鼓励个人和集体持久并负责任地参与生态平衡的保护,将保护环境质量视为行使公民权利不可分割的价值;(5)鼓励国家不同地区之间开展微观和宏观区域级别的合作,以便建设一个以自由、平等、休戚与共、民主、社会公正、责任和具有可持续性原则为基础的环境平衡的社会;(6)促进并加强与科学技术的结合;(7)加强公民权利、人民自决和休戚与共作为未来人类的基础。"这七个方面的具体目标实际上就是表明环境教育旨在树立对环境、环境与社会问题的全面认知,形成保护环境的价值观,进而鼓励环境保护行为,建立可持续性社会。全国环境教育政策这一章分为"环境教育政策的一般规定""正式教育中的环境教育"和"非正式环境教育"三个部分,主要涉及环境教育的内容、方式、途径等方面的内容。环境教育政策的事实部分主要规定了环境教育实施的各种保障机制,如管理机构及其职责、环境教育资金等。[1]

菲律宾于2008年制定《国家环境意识与环境教育法》。该法总计10条,内容主要涉及环境教育的目的、环境教育的开展范围和主要内容以及保障环境教育得以顺利实施的各种措施,如政府有关部门的职责及其合作、教材开发与教师培训、国家

---

[1] 参见王民:《〈巴西国家环境教育法〉解读》,载《环境教育》2009年第6期。

服务培训计划等。其中第2条有关立法目的的规定体现了菲律宾环境教育的主要目标指向，即"为了与保护和增进人民拥有与自然相和谐的有益健康的生态环境的权利的国家政策相一致，同时鉴于青年在国家建设中的重要角色以及教育在增进爱国热情和民族热情、推动社会进步、促进全民族发展过程中的关键作用，应当提升国民在关于自然资源之于经济发展的重要作用以及环境保育和生态平衡对于实现国家可持续发展的重要性方面的意识"。这一规定强调菲律宾环境教育的直接目标在于使国民了解"自然资源之于经济发展的重要作用以及环境保育和生态平衡对于实现国家可持续发展的重要性"，最终目标还是要通过保护环境来实现经济社会的可持续发展。为了实现这一目标，该法在第3条明确规定了环境教育的内容以及环境教育的途径、范围等内容，其中明确规定环境教育的内容"应当包含环境基本概念和基本原理，环境法律法规、国际和本地环境现状、本地最佳案例、环境恶化的威胁以及对人类的影响、公民在环境保育和自然资源恢复上的责任以及环境与可持续发展的关系等。这些内容应当涵盖理论和由活动、计划、项目组成的实践模块，包括但不仅限于植树、减排、垃圾分类、回收利用和堆置肥料；淡水和海水保育；森林管理和保育等与生计和经济利益相关的其他此类计划；辅助其他环境保护相关法律的执行"。根据这些教育内容，菲律宾"教育部、高等教育委员会、职业教育和技术发展管理局、社会福利和发展部，应协同环境和自然资源部、科技部和其他相关机构，将环境教育整合入各级各类学校教育，包括公立和私立学校、村镇立学校、幼儿园、非正式教育、职业教育、乡土教育和社会青年教育和项目等"。

此外，日本2003年制定的《环境教育法》、韩国2008年制定的《韩国环境教育振兴法》对环境教育的目的、内容、途径以及环境教育实施的各种保障机制作出了相应的规定。

有些国家或地区虽然没有专门制定环境教育法，但其与环境教育相关的法律法规中已经对环境教育的目的、内容、方式以及保障措施等作出相应的规定。例如，瑞典尽管没有专门的环境教育法，但其在《教育法》、教学大纲、教学改革计划等规范性文件中对环境教育的目的、环境教育的内容、环境教育的形式、环境教育的支持系统等作出了全方位的规定，从而保障环境教育的顺利开展。[1]

我国目前虽然没有全国性的专门的环境教育法，但有关环境教育的国家政策、地方法规等规范性法律文件已经对环境教育作出了相关的规定。原国家环保总局颁布的《中国21世纪议程》明确规定："环境宣传教育就是提高全民族对环境保护的认识，实现道德、文化、观念、知识和技能等方面的全面转变，树立可持续发展的新观念，自觉参与并共同承担保护环境、造福后代的责任与义务。"[2] 1996年由原国家环保总局、中央宣传部、教育部共同出台的《全国环境宣传教育行动纲要（1996—2010）》明确规定，"环境教育是提高全民族思想道德素质和科学文化素质（包括环境意识在内）的基本手段之一。环境教育的内容包括：环境科学知识、环境法律法规知识和环境道德伦理知识。环境教育是面向全社会的教育，其对象和形式包括：以社会各阶层为对象的社会教育，以大、中、小学生和幼儿为对象的基础教育，以培养环保专门人才为目的的专业教育和以提高职工素质为目的的成人教育等4个方面"，并对环境

---

[1] 参见傅建明、蒋洁蕾：《二战后瑞典环境教育的架构及启示》，载《外国教育研究》2013年第1期。

[2] 国家环境保护局：《中国环境保护21世纪议程》，中国环境科学出版社1995年版，第248页。

教育的具体行动作出了较为详细的明确规定。2011年，由原环境保护部、中央宣传部、中央文明办、教育部、共青团中央、全国妇联联合发布的《全国环境宣传教育行动纲要（2011—2015年）》对"十二五"期间全国环境宣传教育行动的总体目标、基本原则、行动任务、保障措施等作出规定，其中明确强调"开展全民环境教育行动"，"把生态环境道德观和价值观教育纳入精神文明建设内容进行部署"，"加强基础教育、高等教育阶段的环境教育和行业职业教育，推动将环境教育纳入国民素质教育的进程"，"加强面向社会的培训……尤其要加大对各级党政领导干部、学校教师和企业负责人的培训力度，增强他们的环境意识和社会责任感"。此外，我国的《环境保护法》《清洁生产促进法》《循环经济促进法》等也对环境教育作出了相应的规定。[1] 2011年，我国宁夏回族自治区颁布了《宁夏回族自治区环境教育条例》。该条例对环境教育及其对象、环境教育的组织管理、学校环境教育、社会环境教育、环境教育的保障与监督等作出明确的规定，对我国环境教育立法的发展具有重要的意义。

总之，环境正义要求人们普遍承担环境保护义务，而环境

---

[1] 我国《环境保护法》第9条规定："各级人民政府应当加强环境保护宣传和普及工作，鼓励基层群众性自治组织、社会组织、环境保护志愿者开展环境保护法律法规和环境保护知识的宣传，营造保护环境的良好风气。教育行政部门、学校应当将环境保护知识纳入学校教育内容，培养学生的环境保护意识。新闻媒体应当开展环境保护法律法规和环境保护知识的宣传，对环境违法行为进行舆论监督。"我国《清洁生产促进法》第15条规定："国务院教育部门，应当将清洁生产技术和管理课程纳入有关高等教育、职业教育和技术培训体系。县级以上人民政府有关部门组织开展清洁生产的宣传和培训，提高国家工作人员、企业经营管理者和公众的清洁生产意识，培养清洁生产管理和技术人员。新闻出版、广播影视、文化等单位和有关社会团体，应当发挥各自优势做好清洁生产宣传工作。"第16条第2款规定："各级人民政府应当通过宣传、教育等措施，鼓励公众购买和使用节能、节水、废物再生利用等有利于环境与资源保护的产品。"

教育则是保障环境正义得以更好实现的一个重要途径。基于此，环境教育的目的就是通过环境知识的传授与体会来培养人们保护环境的态度和价值观，进而使人们在实践中能够主动地履行环境保护义务。为了保证环境教育的具体落实，各国应当将环境教育法制化。

参考文献

一、译著类

1. 《马克思恩格斯选集》（第1卷），人民出版社2012年版。
2. 《马克思恩格斯选集》（第2卷），人民出版社1995年版。
3. 《马克思恩格斯全集》（第1卷），人民出版社1956年版。
4. 《马克思恩格斯全集》（第42卷），人民出版社1979年版。
5. 《马克思恩格斯全集》（第46卷）（上），人民出版社1979年版。
6. [德]马克思：《资本论》（第3卷），人民出版社1975年版。
7. [德]恩格斯：《自然辩证法》，人民出版社1971年版。
8. [美]纳什：《大自然的权利》，杨通进译，青岛出版社1999年版。
9. [美]约翰·罗尔斯：《正义论》，何怀宏、何包钢、廖申白译，中国社会科学出版社1988年版。
10. [美]巴里·康芒纳：《封闭的循环——自然、人和技术》，侯文蕙译，吉林人民出版社1997年版。
11. [德]乌尔里希·贝克：《风险社会》，何博闻译，译林出版社2004年版。
12. [美]罗尼·利普舒茨：《全球环境政治：权力、观点和实践》，郭志俊、蔺雪春译，山东大学出版社2012年版。
13. [美]马斯洛：《动机与人格》，许金声等译，华夏出版社1987年版。
14. [英]莱恩·多亚尔、伊恩·高夫：《人的需要理论》，汪淳波、张宝莹译，商务印书馆2008年版。

15. [德]奥特弗利德·赫费:《作为现代化之代价的道德——应用伦理学前沿问题研究》,邓安庆、朱更生译,上海译文出版社2005年版。
16. [德]汉斯·J.沃尔夫、奥托·巴霍夫、罗尔夫·施托贝尔:《行政法》(第1卷),高家伟译,商务印书馆2002年版。
17. [英]齐格蒙特·鲍曼:《共同体》,欧阳景根译,江苏人民出版社2007年版。
18. [德]约阿希姆·拉德卡:《自然与权力:世界环境史》,王国豫、付天海译,河北大学出版社2004年版。
19. [美]霍尔姆斯·罗尔斯顿:《环境伦理学——大自然的价值以及人对大自然的义务》,杨通进译,中国社会科学出版社2000年版。
20. [英]伯特兰·罗素:《人类有前途吗?》,吴忆萱译,商务印书馆1964年版。
21. [古希腊]亚里士多德:《政治学》,吴寿彭译,商务印书馆1965年版。
22. [美]P. Aarne Vesilind Alastair S. Gann:《工程、伦理与环境》,吴晓东、翁端译,清华大学出版社2002年版。
23. [英]彼得·甘西:《反思财产:从古代到革命时代》,陈高华译,北京大学出版社2011年版。
24. [美]E.博登海默:《法理学:法律哲学与法律方法》(修订版),邓正来译,中国政法大学出版社2004年版。
25. [美]塞缪尔·弗莱施哈克尔:《分配正义简史》,吴万伟,译林出版社2010年版。
26. [古希腊]亚里士多德:《尼各马可伦理学》,廖申白译注,商务印书馆2003年版。
27. [美]理查德·塔克:《自然权利诸理论:起源与发展》,杨利敏、朱圣刚译,吉林出版集团有限责任公司2014年版。
28. [澳]斯蒂芬·巴克勒:《自然法与财产权理论:从格劳秀斯到休谟》,周清林译,法律出版社2014年版。
29. [英]霍布斯:《利维坦》,黎思复、黎廷弼译,商务印书馆1985年版。
30. [英]洛克:《政府论》(下篇),瞿菊农、叶启芳译,商务印书馆

1964 年版。
31. ［意］登特列夫:《自然法——法律哲学导论》,李日章、梁捷、王利译,新星出版社 2008 年版。
32. ［美］彼得·辛格:《实践伦理学》,刘莘译,东方出版社 2005 年版。
33. ［美］J. 范伯格:《自由、权利和社会正义——现代社会哲学》,王守昌、戴栩译,贵州人民出版社 1998 年版。
34. ［美］迈可·桑德尔:《正义:一场思辨之旅》,乐为良译,雅言文化出版股份有限公司 2011 年版。
35. ［法］卢梭:《社会契约论》,何兆武译,商务印书馆 2003 年版。
36. ［美］罗伯特·诺齐克:《无政府、国家和乌托邦》,姚大志译,中国社会科学出版社 2008 年版。
37. ［美］约翰·罗尔斯:《正义论》,何怀宏、何包钢、廖申白译,中国社会科学出版社 1988 年版。
38. ［美］约翰·贝拉米·福斯特:《生态危机与资本主义》,耿建新、宋兴无译,上海译文出版社 2006 年版。
39. ［英］休谟:《人性论》,关文运译,商务印书馆 1980 年版。
40. ［英］休谟:《道德原则研究》,曾晓平译,商务印书馆 2001 年版。
41. ［英］布莱恩·巴里:《正义诸理论》,孙晓春、曹海军译,吉林人民出版社 2004 年版。
42. ［古希腊］柏拉图:《理想国》,张竹明译,译林出版社 2012 年版。
43. ［英］边沁:《政府片论》,沈叔平等译,商务印书馆 1995 年版。
44. ［英］边沁:《道德与立法原理导论》,时殷弘译,商务印书馆 2000 年版。
45. ［英］约翰·斯图亚特·穆勒:《功利主义》,刘富胜译,光明日报出版社 2007 年版。
46. ［英］约翰·密尔:《论自由》,许宝骙译,商务印书馆 1959 年版。
47. ［美］迈克尔·J. 桑德尔:《自由主义与正义的局限》,万俊人等译,译林出版社 2001 年版。
48. ［美］A. 麦金太尔:《追寻美德:伦理理论研究》,宋继杰译,译林出版社 2003 年版。

49. ［加］查尔斯·泰勒:《自我的根源:现代认同的形成》,韩震等译,译林出版社 2012 年版。

50. ［美］菲利普·塞尔兹尼克:《社群主义的说服力》,马洪、李清伟译,上海人民出版社 2009 年版。

51. ［英］韦恩·莫里森:《法理学:从古希腊到后现代》,李桂林等译,武汉大学出版社 2003 年版。

52. ［德］鲁道夫·冯·耶林:《为权利而斗争》,郑永流译,法律出版社 2007 年版。

53. ［美］Herman E. Daly、Joshua Farley:《生态经济学——原理与应用》,徐中民等译校,黄河水利出版社 2007 年版。

54. ［德］弗里德希·亨特布尔格、弗莱德·路克斯、玛尔库斯·史蒂文:《生态经济政策:在生态专制和环境灾难之间》,葛竟天等译,东北财经大学出版社 2005 年版。

55. ［英］卡尔·波兰尼:《巨变:当代政治与经济的起源》,黄树民译,社会科学文献出版社 2013 年版。

56. ［德］乌尔里希·贝克:《世界风险社会》,吴英姿、孙淑敏译,南京大学出版社 2004 年版。

57. ［美］芭芭拉·沃德、勒内·杜博斯:《只有一个地球——对一个小小行星的关怀和维护》,《国外公害丛书》编委会译校,吉林人民出版社 1997 年版。

58. 世界环境与发展委员会:《我们共同的未来》,王之佳等译,吉林人民出版社 1997 年版。

59. ［德］诺贝特·埃利亚斯:《个体的社会》,翟三江、陆兴华译,译林出版社 2003 年版。

60. ［英］蒂姆·海沃德:《宪法环境权》,周尚君、杨天江译,法律出版社 2014 年版。

61. ［英］戴维·米勒:《民族责任与全球正义》,杨通进、李广博译,重庆出版社 2014 年版。

62. ［美］艾伦·德肖维茨:《你的权利从哪里来?》,黄煜文译,北京大学出版社 2014 年版。

63. [英]卡尔·波普尔:《开放社会及其敌人》(第1卷),陆衡等译,中国社会科学出版社1999年版。
64. [英]戴维·米勒:《社会正义原则》,应奇译,江苏人民出版社2008年版。
65. [美]蕾切尔·卡逊:《寂静的春天》,吕瑞兰、李长生译,吉林人民出版社1997年版。
66. [法]亚历山大·基斯:《国际环境法》,张若思编译,法律出版社2000年版。
67. [美]富勒:《法律的道德性》,郑戈译,商务印书馆2005年版。
68. [美]克里斯托弗·博姆:《道德的起源——美德、利他、羞耻的演化》,贾拥民、傅瑞蓉译,浙江大学出版社2015年版。
69. [英]保罗·霍普:《个人主义时代之共同体重建》,沈毅译,浙江大学出版社2010年版。

二、中文著作类

1. 李培超:《伦理拓展主义的颠覆——西方环境伦理思潮研究》,湖南师范大学出版社2004年版。
2. 刘卫先:《后代人权利论批判》,法律出版社2012年版。
3. 李强:《自由主义》,吉林出版集团有限责任公司2007年版。
4. 吕忠梅:《环境法新视野》,中国政法大学出版社2000年版。
5. 晋海:《城乡环境正义的追求与实现》,中国方正出版社2008年版。
6. 曾建平:《环境正义:发展中国家环境伦理问题探究》,山东人民出版社2007年版。
7. 梁剑琴:《环境正义的法律表达》,科学出版社2011年版。
8. 蔡守秋:《调整论——对主流法理学的反思与补充》,高等教育出版社2003年版。
9. 徐祥民主编:《环境与资源保护法学》,科学出版社2008年版。
10. 陈泉生等:《环境法学基本理论》,中国环境科学出版社2004年版。
11. 蔡守秋主编:《环境资源法教程》(第3版),高等教育出版社2004年版。

12. 姚大志：《何谓正义：当代西方政治哲学研究》，人民出版社 2007 年版。
13. 梁漱溟：《中国文化要义》，上海人民出版社 2011 年版。
14. 王玉峰：《城邦的正义与灵魂的正义——对柏拉图〈理想国〉的一种批判性分析》，北京大学出版社 2009 年版。
15. 李惠斌、李义天编：《马克思与正义理论》，中国人民大学出版社 2010 年版。
16. 俞可平：《社群主义》（第 3 版），东方出版社 2015 年版。
17. 徐祥民主编：《环境法学》，北京大学出版社 2005 年版。
18. 王曦：《国际环境法》，法律出版社 1998 年版。
19. 慈继伟：《正义的两面》（修订版），生活·读书·新知三联书店 2014 年版。
20. 曹刚：《法律的道德批判》，江西人民出版社 2001 年版。
21. 张文显：《法哲学范畴研究》（修订版），中国政法大学出版社 2001 年版。
22. 国家环境保护局：《中国环境保护 21 世纪议程》，中国环境科学出版社 1995 年版。

三、论文类

1. 侯文蕙：《20 世纪 90 年代的美国环境保护运动和环境保护主义》，载《世界历史》2000 年第 6 期。
2. 王韬洋：《"环境正义运动"及其对当代环境伦理的影响》，载《求索》2003 年第 5 期。
3. 张斌：《环境正义：缘由、目标与实质》，载《广东社会科学》2013 年第 4 期。
4. 高国荣：《美国环境正义运动的缘起、发展及其影响》，载《史学月刊》2011 年第 11 期。
5. 黄之栋、黄瑞祺：《环境正义的"正解"：一个形而下的探究途径》，载《鄱阳湖学刊》2012 年第 1 期。
6. 侯文蕙：《五、六十年代的美国民权运动》，载《史学集刊》1986 年第

1 期。

7. 黄之栋、黄瑞祺:《环境正义论争:一种科学史的视角——环境正义面面观之一》,载《鄱阳湖学刊》2010 年第 4 期。
8. 黄之栋、黄瑞祺:《光说不正义是不够的:环境正义的政治经济分析——环境正义面面观之三》,载《鄱阳湖学刊》2010 年第 6 期。
9. 王云霞:《环境正义与环境主义:绿色运动中的冲突与融合》,载《南开学报(哲学社会科学版)》2015 年第 2 期。
10. 黄之栋、黄瑞祺:《环境正义之经济分析的重构:经济典范的盲点及其超克——环境正义面面观之四》,载《鄱阳湖学刊》2011 年第 1 期。
11. 郭琰:《环境正义与中国农村环境问题》,载《学术论坛》2008 年第 7 期。
12. 王韬洋:《"环境正义"——当代环境伦理发展的现实趋势》,载《浙江学刊》2002 年第 5 期。
13. 蔡守秋:《环境正义与环境安全——二论环境资源法学的基本理念》,载《河海大学学报(哲学社会科学版)》2005 年第 2 期。
14. 李培超:《论环境伦理学的"代内正义"的基本意蕴》,载《伦理学研究》2002 年第 1 期。
15. 徐祥民、孟庆垒、刘爱军:《对自然体权利论的几点质疑》,载《学海》2005 年第 3 期。
16. 徐祥民、巩固:《自然体权利:权利的发展抑或终结?》,载《法制与社会发展》2008 年第 4 期。
17. 刘卫先:《自然体与后代人权利的虚构性》,载《法制与社会发展》2010 年第 6 期。
18. 易小明:《论种际正义及其生态限度》,载《道德与文明》2009 年第 5 期。
19. 易小明:《论差异性正义与同一性正义》,载《哲学研究》2006 年第 8 期。
20. 朱力、龙永红:《中国环境正义问题的凸显与调控》,载《南京大学学报(哲学·人文科学·社会科学)》2012 年第 1 期。
21. 熊易寒:《市场"脱嵌"与环境冲突》,载《读书》2007 年第 9 期。
22. 严法善、刘会齐:《社会主义市场经济的环境利益》,载《复旦学报

(社会科学版)》2008 年第 3 期。
23. 金福海:《论环境利益"双轨"保护制度》,载《法制与社会发展》2002 年第 4 期。
24. 袁红辉、吕昭河:《中国环境利益的现状与成因阐释》,载《云南民族大学学报(哲学社会科学版)》2014 年第 5 期。
25. 徐祥民、朱雯:《环境利益的本质特征》,载《法学论坛》2014 年第 6 期。
26. 叶平:《生态权力观和生态利益观探讨》,载《哲学动态》1995 年第 3 期。
27. 王春磊:《法律视野下环境利益的澄清及界定》,载《中州学刊》2013 年第 4 期。
28. 何佩佩、邹雄:《环境法的本位与环境保障利益研究》,载《福建论坛(人文社会科学版)》2015 年第 3 期。
29. 何佩佩、邹雄:《论生态文明视野下环境利益的法律保障》,载《南京师大学报(社会科学版)》2015 年第 2 期。
30. 杜健勋:《环境利益:一个规范性的法律解释》,载《中国人口·资源与环境》2013 年第 2 期。
31. 刘长兴:《环境利益的人格权法保护》,载《法学》2003 年第 9 期。
32. 史玉成:《生态利益衡平:原理、进路与展开》,载《政法论坛》2014 年第 2 期。
33. 邓禾、韩卫平:《法学利益谱系中生态利益的识别与定位》,载《法学评论》2013 年第 5 期。
34. 张志辽:《环境利益公平分享的基本理论》,载《社会科学家》2010 年第 5 期。
35. 黄锡生、任洪涛:《生态利益公平分享的法律制度探析》,载《内蒙古社会科学(汉文版)》2013 年第 4 期。
36. 李挚萍:《环境法基本法中"环境"定义的考究》,载《政法论丛》2014 年第 3 期。
37. 史玉成:《环境利益、环境权利与环境权力的分层建构——基于法益分析方法的思考》,载《法商研究》2013 年第 5 期。
38. 陈海嵩:《论程序性环境权》,载《华东政法大学学报》2015 年第

1 期。
39. 徐祥民、刘卫先：《环境损害：环境法学的逻辑起点》，载《现代法学》2010 年第 4 期。
40. 余谋昌：《走出人类中心主义》，载《自然辩证法研究》1994 年第 7 期。
41. 叶平：《"人类中心主义"的生态伦理》，载《哲学研究》1995 年第 1 期。
42. 刘卫先：《论可持续发展视野下自然资源的非财产性》，载《中国人口·资源与环境》2013 年第 2 期。
43. 刘卫先：《环境保护视野下"人类共同遗产"概念反思》，载《北京理工大学学报（社会科学版）》2015 年第 2 期。
44. 廖申白：《西方正义概念：嬗变中的综合》，载《哲学研究》2002 年第 11 期。
45. 陈弘毅：《权利的兴起：对几种文明的比较研究》，周叶谦译，载《外国法译评》1996 年第 4 期。
46. 刘卫先：《环境正义新探——以自由主义正义理论的局限性和环境保护为视角》，载《南京大学法律评论》2011 年第 2 期。
47. 王淑芹、曹义孙：《柏拉图与亚里士多德正义观之辨析》，载《哲学动态》2008 年第 10 期。
48. 王晓朝、陈越骅：《柏拉图对功利主义正义观的批判及其现代理论回响》，载《河北学刊》2011 年第 4 期。
49. 王韬洋：《有差异的主体与不一样的环境"想象"——"环境正义"视角中的环境伦理命题分析》，载《哲学研究》2003 年第 3 期。
50. 陈伟：《阿伦特的极权主义研究》，载《学海》2004 年第 2 期。
51. 王韬洋：《戴维·米勒论环境善物》，载《哲学动态》2012 年第 10 期。
52. 寇丽：《共同但有区别责任原则：演进、属性与功能》，载《法律科学（西北政法大学学报）》2013 年第 4 期。
53. 边永民：《论共同但有区别的责任原则在国际环境法中的地位》，载《暨南学报（哲学社会科学版）》2007 年第 4 期。
54. 李艳芳、曹炜：《打破僵局：对"共同但有区别的责任原则"的重释》，载《中国人民大学学报》2013 年第 2 期。

55. 陈贻健:《共同但有区别责任原则的演变及我国的应对——以后京都进程为视角》,载《法商研究》2013 年第 4 期。
56. 刘卫先:《环境义务初探》,载《兰州学刊》2009 年第 2 期。
57. 黄云、辛敏嘉:《生态整体主义伦理下法律转向之探析》,载《求索》2011 年第 7 期。
58. 崔建霞:《环境教育:由来、内容与目的》,载《山东大学学报(社会科学版)》2007 年第 4 期。
59. 柴慈瑾等:《全球环境教育的进展与趋势分析》,载《北京师范大学学报(社会科学版)》2009 年第 6 期。
60. 王民:《〈巴西国家环境教育法〉解读》,载《环境教育》2009 年第 6 期。
61. 傅建明、蒋洁蕾:《二战后瑞典环境教育的架构及启示》,载《外国教育研究》2013 年第 1 期。

四、外文类

1. Edwardo Lao Rhodes, *Environmental Justice in America: A New Paradigm*, Indiana University Press, 2003.
2. Paul Mohai and Bunyan Bryant, *Demographic Studies Reveal a Pattern of Environmental Injustice*, Environmental Justice (C), Greenhaven Press, 1995.
3. Jeannette De Guire, "The Cincinnati Environmental Justice Ordinance: Proposing a New Model for Environmental Justice Regulations by the States", *Cleveland State Law Review*, Vol. 60, 2012.
4. David Schlosberg, *Defining Environmental Justice: Theories, Movements and Nature*, Oxford University Press, 2007.
5. Vicki Been, *Market Forces, Not Racist Practices, May Affect the Siting of Locally Undesirable Land Uses*, Environmental Justice (C), Greenhaven Press, 1995.
6. Maura Mullen de Bolivor, "a Comparison of Protecting the Environmental Interests of Latin-American Indigenous Communities from Transnational Corporations under International Human Rights and Environmental Law", *Journal of*

Transnational Law &Policy, Fall, 1998.

7. Caroline Milne, "Winter V. Natural Resources Defense Council: The United States Supreme Court Tips the Balance Against Environmental Interests in the Name of National Security", *Tulane Environmental Law Journal*, Winter, 2009.

8. Suriya E. P. Jayanti, "Recognizing Global Environmental Interests: A Draft Universal Standing Treaty for Environmental Degradation", *Georgetown International Law Review*, Fall, 2009.

9. Joseph W. Dellapenna, "Changing State Water Allocation Laws to Protect the Great Lakes", *Indiana International & Comparative Law Review*, 2014.

10. Anna Di Robilant, "Property and Democratic Deliberation: the Numerus Clausus Principle and Democratic Experimentalism in Property Law", *American Journal of Comparative Law*, Spring, 2014.

11. Marks v. Whitney, 491 P. 2d 374 (Cal. 1971).

12. Section 201 of Title Ⅱ of The National Environmental Policy Act of 1969.

13. David Miller, "Social Justice and Environmental Goods", in Andrew Dobson, ed., *Fairness and Futurity: Essays on Environmental Sustainability and Social Justice*, Oxford University Press, 1999.